"博雅大学堂·设计学专业规划教材"编委会

主 任

潘云鹤 （中国工程院原常务副院长，国务院学位委员会委员，中国工程院院士）

委 员

潘云鹤

谭 平 （中国艺术研究院副院长、教授、博士生导师，教育部设计学类专业教学指导委员会主任）

许 平 （中央美术学院教授、博士生导师，国务院学位委员会设计学学科评议组召集人）

潘鲁生 （山东工艺美术学院院长、教授、博士生导师，教育部设计学类专业教学指导委员会副主任）

宁 刚 （景德镇陶瓷大学校长、教授、博士生导师，国务院学位委员会设计学学科评议组成员）

何晓佑 （原南京艺术学院副院长、教授、博士生导师，教育部设计学类专业教学指导委员会副主任）

何人可 （湖南大学教授、博士生导师，教育部设计学类专业教学指导委员会副主任）

何 洁 （清华大学教授、博士生导师，教育部设计学类专业教学指导委员会副主任）

凌继尧 （东南大学教授、博士生导师，国务院学位委员会艺术学学科第5、6届评议组成员）

辛向阳 （原江南大学设计学院院长、教授、博士生导师）

潘长学 （武汉理工大学艺术与设计学院院长、教授、博士生导师）

执行主编

凌继尧

设计学专业规划教材　环境艺术设计系列

王峤 编著

城市规划设计

Urban Planning and
Design

北京大学出版社
PEKING UNIVERSITY PRESS

图书在版编目（CIP）数据

城市规划设计 / 王峤编著. —北京：北京大学出版社，2019.9
（博雅大学堂·设计学专业规划教材）
ISBN 978-7-301-30656-7

Ⅰ.①城…　Ⅱ.①王…　Ⅲ.①城市规划－建筑设计－高等学校－教材
Ⅳ.①TU984

中国版本图书馆 CIP 数据核字（2019）第 173961 号

书　　　　名	城市规划设计
	CHENGSHI GUIHUA SHEJI
著作责任者	王　峤　编著
责 任 编 辑	路　倩
标 准 书 号	ISBN 978-7-301-30656-7
出 版 发 行	北京大学出版社
地　　　址	北京市海淀区成府路 205 号　100871
网　　　址	http://www.pup.cn　　新浪微博:@北京大学出版社
电 子 信 箱	pkuwsz@126.com
电　　　话	邮购部 010-62752015　发行部 010-62750672　编辑部 010-62755910
印 刷 者	北京中科印刷有限公司
经 销 者	新华书店
	890 毫米 ×1240 毫米　16 开本　13.75 印张　235 千字
	2019 年 9 月第 1 版　2019 年 9 月第 1 次印刷
定　　　价	78.00 元

C目录
ontents

P丛书序
reface

北京大学出版社在多年出版本科设计专业教材的基础上，决定编辑、出版"博雅大学堂·设计学专业规划教材"。这套丛书涵括设计基础 / 共同课、视觉传达设计、环境艺术设计、工业设计 / 产品设计、动漫设计 / 多媒体设计等子系列，目前列入出版计划的教材有 70—80 种。这是我国各家出版社中，迄今为止数量最多、品种最全的本科设计专业系列教材。经过深入的调查研究，北京大学出版社列出书目，委托我物色作者。

北京大学出版社的这项计划得到我国高等院校设计专业的领导和教师们的热烈响应，已有几十所高校参与这套教材的编写。其中，985 大学 16 所：清华大学、浙江大学、上海交通大学、北京理工大学、北京师范大学、东南大学、中南大学、同济大学、山东大学、重庆大学、天津大学、中山大学、厦门大学、四川大学、华东师范大学、东北大学；此外，211 大学有 7 所：南京理工大学、江南大学、上海大学、武汉理工大学、华南师范大学、暨南大学、湖南师范大学；艺术院校 16 所：南京艺术学院、山东艺术学院、广西艺术学院、云南艺术学院、吉林艺术学院、中央美术学院、中国美术学院、天津美术学院、西安美术学院、广州美术学院、鲁迅美术学院、湖北美术学院、四川美术学院、北京电影学院、山东工艺美术学院、景德镇陶瓷大学。在组稿的过程中，我得到一些艺术院校领导，如山东工艺美术学院院长潘鲁生、景德镇陶瓷大学校长宁刚等的大力支持。

这套丛书的作者中，既有我国学养丰厚的老一辈专家，如我国工业设计的开拓者和引领者柳冠中，我国设计美学的权威理论家徐恒醇，他们两人早年都曾在德国访学；又有声誉日隆的新秀，如北京电影学院的葛竞，她是一位年轻有为的女性学者。很多艺术院校的领导承担了丛书的写作任务，他们中有天津美术学院副院长郭振山、中央美术学院城市设计学院院长王中、北京理工大学软件学院院长丁刚毅、西安美术学院院长助理吴昊、山东工艺美术学院数字传媒学院院长顾群业、南京艺术学院工业设计学院院长李亦文、南京工业大学艺术设计学院院长赵慧宁、湖南工业大学包装设计艺术学院院长汪田明、昆明理工大学艺术设计学院院长许佳等。

除此之外，还有一些著名的博士生导师参与了这套丛书的写作，他们中有上海交通大学的周武忠、清华大学的周浩明、北京师范大学的肖永亮、同济大学的范圣玺、华东师范大学的顾平、上海大学的邹其昌、江西师范大学的卢世主等。作者们按照北京大学出版社制定的统一要求和体例进行写作，实力雄厚的作者队伍保障了这套丛书的学术质量。

2015 年 11 月 10 日，习近平总书记在中央财经领导小组第十一次会议首提"着力加强供给侧结构性改革"。2016 年 1 月 29 日，习近平总书记在中央政治局第三十次集体学习时将这项改革形容为"十三五"时期的一个发展战略重点，是"衣领子""牛鼻子"。根据我们的理解，供给侧结构性改革的内容之一，就是使产品更好地满足消费者的需求，在这方面，供给侧结构性改革与设计存在着高度的契合和关联。在供给侧结构性改革的视域下，在大众创业、万众创新的背景中，设计活动和设计教育大有可为。

祝愿这套丛书能够受到读者的欢迎，期待广大读者对这套丛书提出宝贵的意见。

凌继尧

2016 年 2 月

I 前 言
Introduction

　　城市是一个复杂的系统，其发展受历史、政治、经济、社会文化等因素的影响，呈现出复杂性与动态性的特征。现有的城市规划技术体系和法规体系在不断变化以适应城市发展的需求。城市的规划与设计工作需要处理城市发展中面临的一系列问题，体现出短时期的针对性和长周期的动态性。

　　高等学校的专业教材是引领学生步入城市规划专业领域的最初媒介。在校学习时形成的知识体系和相关思想将在学生日后的工作和学习中留下深深的印记。本书的写作不同于传统城市规划原理类教材的翔实写作方式，而是以概括、凝练的方式阐述了城市规划的相关概念、理论和热点问题，力图科学、准确、客观地梳理城市规划的基础知识，帮助读者建立起基本的城市规划设计思维框架，为相关专业的学生提供入门级的学习引导。本书在系统呈现城市规划设计相关知识的同时，引介当前城市规划领域的热点与新问题，引导学生认识到城市规划设计是随着时代进步不断发展、完善的学科，从业者不仅要掌握书本上的知识，更要善于思考，学会辩证地、具体地看待和解决城市发展建设中的实际问题。

　　鉴于作者理论水平有限，书中难免会出现文字表达有所疏漏或者偏于主观片面的情况，敬请谅解，希望各界同行批评指正。

第一章 | Chapter 1
城市与城市规划

第一节　城　市

一、城市的形成

城市是随着人类文明的不断发展而形成的，是人类文明的重要成果。更确切地说，城市是伴随着人类生产能力的提高，通过两次社会大分工而最终确定下来的。

在原始社会，穴居或巢居的人类的祖先过着流动的群体生活，没有固定的居住点，其赖以生存的食物和生活物品都从自然中获取。随着生产能力的提高，人类从采集的果实中选择出了一些更适宜食用的予以集中栽种，于是出现了农业；同时，在狩猎的过程中发现了一些可以集中牧养的温顺动物，于是出现了畜牧业。采集和狩猎向原始农业和原始畜牧业的演进，被称为人类历史上的第一次社会大分工。人类开始通过自身的劳动来增加动植物的生产后，生活有了保障，人口不断增长，过上了比较安定的生活。到新石器时代后期，开始出现固定的居住点。

随着生产力的进一步发展，人们的生活水平不断提高。生活需求的多样化、劳动分工的加强，以及金属工具的产生，使社会上逐渐出现了一些专门的手工业者。手工业从农业中分离出来是人类历史上的第二次社会大分工。之后，剩余产品和剩余产品的交换出现了。最初，人们通过以物易物的方式进行交换，后来逐渐出现了专门从事交易的商人，形成了固定的交易地点"市"。商业的发展，商人的出现，是人类历史上的第三次社会大分工。为了使生产和交换更加方便（可就地加工、销售），人们开始在有限的空间内聚集定居。随即，人类的定居形式也发生了变化，以农业为主的居民点就是农村，具有商业及手工业职能的就是城市。于是，城市和农村区分了开来。可以说，人类社会的大分工是城市产生的根本动因。

生产力的发展、剩余产品的出现导致了私有制，并推动人类进入了奴隶社会。奴隶主为保证自身生命财产安全，开始在其居住地周围筑城防卫。城市正是伴随着私有制的产生和阶级分化，在原始社会向奴隶社会过渡的时期出现的。同时，文字、宗教、礼制等的出现，对城市的产生也起了重要作用，促使城市成了社会政治、文化中心。

二、城市的概念

在古代，"城"和"市"是两个概念。"城"具有防御的功能，指有防卫围墙的地方。《管子·度地》中说："内为之城，城外为之郭。"《墨子·七患》中则指出："城者，所以自守也。""市"具有贸易、交换的功能，指商品交换的场所。《周易》云："日中为市，致天下之民，聚天下之货，交易而退，各得其所。"最初的市是指在一定地域内固定的、集中的商品交易的场所。《周礼》中说："大市，日昃而市，百族为主；朝市，朝时而市，商贾为主；夕市，夕时而市，贩夫贩妇为主。"

随着社会经济的发展，"城"与"市"逐渐结合为一体。"城市"的概念包含两者的含义，即城市不仅是具有防卫围墙的人口集聚地，同时还具有商业交换的职能。《辞源》中，城市被解释为人口密集、工商业发达的地方。现代城市早已超越了早期的城市概念，发展为要素繁多、结构复杂、功能齐全的系统。

人类聚居的形式大体可分为城市和乡村两大类。城市与村庄的区别主要在于产业结构的不同，即居民从事的职业不同。乡村居民主要从事农业活动，城市居民主要从事非农业活动。城市是以从事非农业活动人口为主体的居民点。乡村产业构成主要是第一产业，而城市产业构成中以第二产业和第三产业为主。相对于村庄，城市具有更高的人口密度和更大的人口规模，并且有其独特的社会组织特征。城市呈现出的是人类有史以来最集约的土地使用形式。只占据地球表面很小的面积的城市却集聚了大量的人口和社会经济活动，是人类物质财富和精神财富生产和传播的中心。人类生产生活所需的物质要素在空间上的聚集强度，城市远超过乡村。一定地域中，城市对国民经济的贡献率远高于乡村地区，体现出较强的规模经济特征和聚集经济特征。城市也是一定地域中的政治、经济和文化中心，担负着相应层级的行政管理职能。城市还是工业、商业、交通和文教的集中地，通常拥有相对于村庄更完备的市政设施和公共设施。另外，城市有着与乡村不同的景观，是人类对自然环境干预最强烈的地方，景观环境以人文要素为主。

　　城市在经济学、社会学、地理学、城市规划学等不同的学科领域有着不同的概念阐述。经济学家认为城市是在有限空间内具有一定规模的各类经济活动相互交织的地理区域。社会学家认为城市是非农业人口密集、具有市场功能的、在地理上有界的社会组织形式。地理学家认为城市是具有良好的交通环境和一定面积的、人群和建筑的密集结合体。《城市规划基本术语标准》中对城市的定义是：城市是以非农业产业和非农业人口集聚为主要特征的居民点。综上所述，城市是非农业人口集中，并以从事非农业生产活动为主的居民点，是在一定地域范围内，社会经济和文化活动集中的空间结构形式。

三、城市的类型

　　基于性质、人口规模等各种因素，城市有不同的分类方式。

　　城市的性质是指城市在一定地区、国家及至更大范围内的政治、经济和社会发展中所处的地位和所负担的主要职能。城市按性质可分为综合性城市和单一性城市。综合性城市指功能全面发展的城市，往往是区域性城市的中心。单一性城市即具有较为突出的特定功能或产业类型的城市，如工业城市、港口城市、旅游城市、矿业城市等。

　　城市规模常以人口规模和用地规模来界定。人口规模不仅决定着城市的规模等级，也是城市基础设施、公共服务设施等的规模和等级的确定依据。依据人口规模的城市类型划分以城区常住人口为统计口径。2014 年，国务院在《关于调整城市规模划分标准的通知》中对 1989 年《中华人民共和国城市规划法》中的城市规模划分标准进行了调整。按照新标准，全国城市被划分为五类七档：城市人口 1000万以上的为超大城市；城市人口 500 万至 1000 万的为特大城市；城市人口 100 万至 500 万的为大城市，其中 300 万以上 500 万以下的城市为 I 型大城市，100 万以上 300 万以下的城市为 II 型大城市；城市人口 50 万至 100 万的为中等城市；城市人口 50 万以下的为小城市，其中 20 万以上 50 万以下的城市为 I 型小城市，20 万以下的城市为 II 型小城市。（以上包括本数，以下不包括本数。）截至 2018 年，我国城区常住人口 1000 万以上的超大城市有北京、天津、上海、重庆、广州、深圳、武汉 7座，成都、南京、香港等城市符合特大城市标准（图 1-1）。

图 1-1 依据人口规模的城市规模划分标准（2014 年 11 月）

第二节 城市化

一、城市化的含义

城市化（urbanization）由西班牙工程师塞达（A. Serda）于 1867 年首先提出。城市化也称城镇化，是工业革命后的重要现象。城市化可简单地释义为农业人口及土地向非农业的城市转化的现象及过程。城市化实质上是生产力发展引起的社会产业结构和城乡人口结构的变化过程，是社会生产方式变革引起的人类生活方式和居住方式的改变过程。

城市化包含有形的城市化和无形的城市化两层含义。有形的城市化即物质形态上的城市化。例如，非农业人口的集中，农业人口不断转化为非农业人口，并向城镇居民点集中；空间形态的改变，农业用地转变为非农业用地，点状的、低密度的土地利用形式转化为成片的、较高密度的土地利用形式，接近自然的空间环境转化为以人工创造为主的空间环境；经济结构的变化，二、三产业比重不断提高，第一产业比重不断下降。无形的城市化即精神意识上的城市化、生活方式的城市化，包括城市的经济、社会、技术、文化、生活方式、价值观念等向其他地域的扩散。

城市化水平从一个方面体现着社会发展的程度。较高的城市化水平不仅基于第二三产业的飞速发展，同时也得益于农业的现代化。科技的进步使农业人口产生了剩余，为城市化的发展提供了动力。城市化率也叫城镇化率是城市化的度量指标，一般采用人口统计学的方法计算得出。即城镇人口占总人口（包括农业与非农业）的比重。根据联合国的估测，世界发达国家的城市化率在 2050 年将达到 86%，我国的城市化率在 2050 年将达到 71.2%。

二、城市化的进程

1. 城市化的发展阶段

城市化是一个动态变化的过程。1979 年，美国城市地理学家诺瑟姆（Ray Northam）在总结欧美城市化发展历程的基础上，把城市化的发展轨迹概括为拉长的 S 形曲线，即诺瑟姆曲线。他根据实例研究提出，就一国或一地区而言，城市化的过程一般可以分为初期、加速和后期三个阶段（图 1-2）：

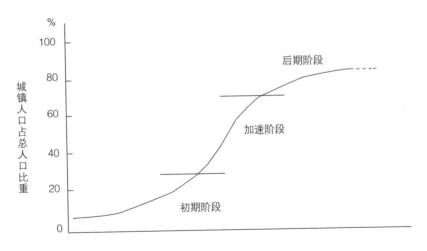

图 1-2　城市化进程

初期阶段：生产力水平尚低，第一产业和乡村人口在经济、社会结构中占很大比重。城市化率达到 10% 即表明城市化进程启动，但其在初期阶段的发展速度较缓慢，需经过较长时期才能达到城镇人口占总人口的 30% 左右。

加速阶段：城市化率超过 30% 时，城市化进入快速发展阶段。此阶段经济实力明显增加，人口、资本等生产要素迅速向城市集聚，城市化的速度加快。不需要太长的时间内，城镇人口占总人口的比例就会达到 60% 或以上。

后期阶段：城镇人口比重增长趋缓甚至出现停滞。农业现代化的过程已基本完成，农村的剩余劳动力已基本转化为城市人口；工业的发展、技术的进步使一部分工业人口又转向第三产业；经济发展以第三产业和高技术产业为主导。

2. 城市化的类型

从城市化与经济发展水平的关系来看，城市化的类型主要有以下几种：

同步城市化，即城市化与经济发展同步、协调、互相促进，城市的数量与规模增长适度，城市化的速度与质量同步提升。

过度城市化，即城市化水平超过了经济发展水平，就业机会不足、农村人口减少、农业生产集约化水平下降影响了经济发展。

低度城市化，即城市化水平落后于经济发展水平，城市人口的实际增长速度低于工业发展所需要的人口增长速度，这往往是政策导向的结果。

过度城市化和低度城市化都是消极的城市化类型，其表现为城市化进程与社会经济发展脱节。

3. 逆城市化

逆城市化是人口和就业从主要城市向中小城镇和乡村地区扩散的过程。20 世纪 70 年代，西方发达国家开始出现不同程度地大城市发展趋缓的现象。1970 年到 1974 年间，美国的大城市人口减少了 180 万。据此，美国学者布赖恩·贝里（Brian Berry）于 1976 年提出了"逆城市化"的概念。逆城市化是指由于大城市发展中产生的交通拥挤、环境恶化、地价房租昂贵、生活质量下降等一系列问题，人们开始向环境优美、地价房租便宜的郊区或卫星城迁移。

逆城市化不是城市化的反向运动，而是城市化发展的一个新阶段，是人类对城市和乡村进行重新审视和选择的结果。它并不意味着国家城市化水平的下降，只是导致人口的重新分布和城市人口规模的调整。

三、我国的城市化进程

1949 年以来，我国的城市化进程呈现出明显的阶段性。1949 年至 1957 年是城市化短暂的健康发展阶段，城镇化率从 10.6% 提高到 15.4%，平均每年提高 0.6 个百分点。1958 年至 1978 年是长达 20 年的大起大落阶段，表现为"大跃进"期间的过度城市化，以及困难时期和"文革"期间的两次逆城市化。此阶段，城镇化率由 15.4% 提高到 17.9%，平均每年提高 0.12 个百分点，仅为上一阶段的五分之一。1979 年以后，随着改革开放的推进，城市化结束了长期停滞不前的僵局，进入持续稳定的快速发展阶段。

由于自然条件及社会经济发展情况的差异，我国城市化水平呈现出各地发展不平衡的现象。总体上看，东、中、西部地区间存在着较大差异，东南沿海发展较快。进入 21 世纪以来，中国的城市化水平呈加速上升之势。国家统计局发布的数据显示，从 2000 年的 36.22% 到 2018 年的 59.58%，18 年间，我国的城镇化率增加了 23.36 个百分点（图 1-3）。"十三五"规划指出，到 2020 年，我国城镇化率要达到 60%。

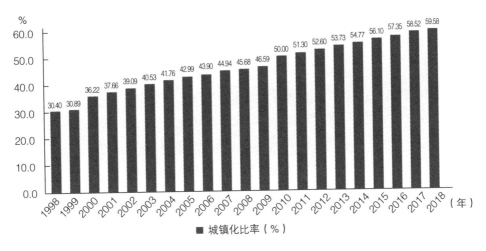

图 1-3 我国 1998 年至 2018 年的城镇化率（根据国家统计局数据绘制）

第三节 城市规划

城市规划是对一定时期内城市的经济和社会发展、土地利用、空间布局以及各项建设的综合部署、具体安排和实施管理，是政府调控城市空间资源、指导城乡发展与建设、维护社会公平、保障公共安全和公众利益的重要公共政策之一。城市规划通过统筹安排与城市密切相关的各子系统，解决经济、社会等的协调发展问题。具体来说，其不仅为城市的发展提供目标，还提供实现这一目标的不同途径，并对具体的建设行为进行管理和规范，其目的在于实现城市和社会的健康、和谐、可持续发展。

城市规划的研究对象是城市，这就决定了城市规划的首要特征是综合性。城市是包含众多要素的巨系统，即使是单一的城市问题也常常涉及用地、建筑、交通、基础设施、政策管理等方方面面。城市规划需要综合考虑相关问题，通过合理利用土地和环境，进行具体的城市空间布局和各项建设活动，从而满足城市发展的需求。从学科知识体系上看，城市规划以建筑学和城乡规划学为基础，并与经济学、社会学、地理学、管理学、生态学、文化学等多学科有交叉之处。而在具体的学科实践方面，城市规划设计则要从经济、社会、环境、技术等多方面统筹考虑。

城市规划作为政府行政工作的一部分，具有很强的公共属性，与国家政策紧密相关。城市规划不仅仅是一种设计行为，它在公共政策的实施和城市管理等方面也发挥着重要作用。城市规划设计的方案需要通过一定的控制和引导手段实现，它并不限于物质空间层面的安排，还涉及产业引导、文化承载、经济政策、公众参与等多方面的内容。可以说，城市规划就是处理与城市发展相关的各要素及其相互关系，并与国家相关政策（如耕地保护、城市四线控制、历史文化保护等政策以及海绵城市、城市双修、存量更新等应对当前城市问题的重要策略）紧密承接。

城市规划是一门实践性很强的学科，其终极目标是将城市规划理论合理应用于具体的城市建设中，从而促进城市的发展。城市规划以土地为主要空间载体，围绕其调整相关的标准、方法、策略、政策等，统筹安排城市中的各项活动。城市规划应将近期建设与远期发展相结合，参考经济、社会、文化等具体要素，为城市发展建立目标并提供具体指导。

城市规划应具有前瞻性和一定弹性，这样才能与动态发展中的城市相匹配。前瞻性指城市规划不能仅着眼于当前，而应立足历史并结合现实情况，适当预测未来需求，提出既符合当前情况又能够可持续发展的目标或措施。弹性则是指城市规划应预留可供增补和发展的余地。

第二章 | Chapter 2
城市规划思想的形成与发展

第一节　西方的城市规划思想

一、西方古典时期的城市规划思想

1. 古埃及的城市

卡洪（Kahun）是古埃及的重要城市，建于公元前 2000 多年。古城整体呈一个边长 380 米 ×260 米的长方形，有砖砌的城墙。城中，一堵厚厚的墙将卡洪划分为东西两部分。西城为奴隶居住区，仅 260 米 ×108 米的地方挤着 250 幢用棕榈枝、芦苇和黏土建造的棚屋，一条 8—9 米宽的南北向道路贯穿该区通向南城门。厚墙以东道路宽阔、整齐且用石条铺筑路面，一条东西长 280 米的大路将东城分为南北两部分。东城北部为贵族区，总面积和西城的奴隶区差不多，建有十几个大庄园，每个都是深宅大院。东城南部是商人、手工业者、小官吏等中产阶层的住所，其平面图呈曲尺形，房屋零散地分布着。此外，卡洪城的东边有市集，中心有神庙，东南角还有一大型坟墓。城中的贵族住宅朝北，迎着凉风吹来的方向，而西部奴隶区的住宅则迎着沙漠吹来的热风，这反映出了明显的阶级差别。

古埃及的城市建设重视因地制宜，村镇庙宇均建于尼罗河畔的天然或人工高地上，有利于解决水源和交通运输等问题。另外，古埃及的城市建设还最早运用了功能分区的原则和棋盘式路网，并且十分注重建筑群与城市景观的设计，这些都对后世的城市建设产生了重要影响。

2. 古希腊的城市

古希腊是西方古典文化的先驱、欧洲文明的摇篮，其城市建设深深地影响着欧洲 2000 多年的建筑史与城市史。古希腊文化大致可划分为四个时期：荷马文化时期

（前12世纪至前8世纪）、古风文化时期（前8世纪至前5世纪）、古典文化时期（前5世纪至前4世纪）和希腊化时期（前4世纪至前2世纪）。荷马文化时期到古风文化时期，基本上是古希腊文化孕育成长的阶段。公元前5世纪中叶，雅典在希波战争中取得了决定性胜利，确立了其在希腊诸多城邦中的盟主地位。雅典卫城是雅典极盛时期的纪念碑。

雅典卫城建造于公元前580年，是当时雅典城的宗教圣地和城市公共活动中心。卫城建于雅典城内一个陡峭的山顶台地上，高出城市地平面70—80米，东西长约280米，南北最宽处为130米。该建筑群顺应地势，采取自由灵活的布局方式建造，是世界建筑史上最具代表性的传世之作。雅典卫城并非以简单、刻板的轴线关系布局，而是根据祭祀雅典娜大典的行进过程来设计，各个建筑物均处于空间上的关键位置，仿佛一座座各有目的的雕塑（图2-1）。

图2-1 雅典卫城

公元前5世纪，"西方古典城市规划之父"希波丹姆主持的米利都城重建规划首先采用了系统的正交街道模式，形成了十字格网的城市布局。"希波丹姆模式"

以城市广场为中心，建筑物都布置在网格内。它被公认为是西方城市规划设计理论的起点，体现了民主、平等的城邦精神和市民对民主文化的要求。

3. 古罗马的城市

公元前 8 世纪中叶，罗马人在意大利半岛中部拉丁姆平原上的台伯河下游河畔建城，并在这里孕育了古代罗马文明。古罗马先后经历了城邦时代、共和时代和帝国时代，其城市建设继承并发扬了古希腊的城市规划思想，开始出现正式的布局规划。古罗马的城市规划设计主要包括四个要素：选址、分区规划布局、街道和建筑的方位定向、神学思想。罗马人不像希腊人那样善于利用地形，他们更喜欢强力地改造地形，这应该与罗马能使用大量奴隶劳动有关。古罗马城市的平面布局一般为正方形，正南北走向，中心十字交叉的街道正对四面的城门。广场、铜像、凯旋门和纪功柱为古罗马城市空间的几何中心，具有政治、宗教和商业功能的公共建筑围绕广场布置。城市广场的规模通常较宏大，一般采用轴线对称布局，强调纵深感和纪念性，体现出鲜明的君主集权思想。与古希腊相比，古罗马时期的城市建设风格明显表现出世俗化、军事化、君权化的特征。

公元前 3 世纪至公元前 1 世纪，罗马人几乎征服了地中海沿岸的全部地区。公元前 275 年占领地中海沿岸的派拉斯（Pyrrhus）营地后，罗马人以它的城堡模式为基础，完成了古罗马营寨城的设计。该城市设计中包括方正的城墙，城市平面图为正方形，符合罗盘的基本方位，中间的十字交叉道路通向东西南北四个城门，道路交叉处建有神庙。今日欧洲有 120—130 个城市是从罗马营寨城发展起来的，有些还可见原来的面貌。

维特鲁威（Vitruvius）的《建筑十书》以希腊和罗马的建筑实践为基础，提出建筑学的基本内涵和基本理论，构建了建筑学的基本体系，提出了"坚固、实用、美观"的建筑三原则，其内容除了包括材料、结构、机械、测量、数学、几何、天文等科技性内容外，还广泛涉及哲学、历史、文献学、音乐学、造型艺术等人文学科。他绘制的理想城市方案，平面为八角形，并规定城墙塔楼间距不大于箭射距离，以使防守者易于从各个方向阻击攻城者。在该方案中，城市路网为放射环形系统，市中心广场有神庙居中。为避免强风，放射型道路可不直接对向城门。维特鲁威的理想城市模型对之后文艺复兴时期的城市规划有极重要的影响（图 2-2）。

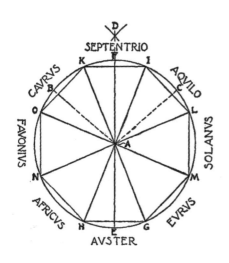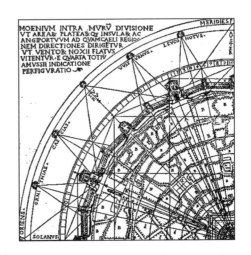

图 2-2　维特鲁威理想城市模型

4. 中世纪的城市

自公元 476 年西罗马帝国灭亡至公元 1500 年的一千年被称为欧洲中世纪（主要是西欧）。中世纪的欧洲城市以教堂为核心，街道和广场往往采取不规则的设计手法，城市的商贸和军事防御意图较为明显，因此市场和城墙在城市布局中占有重要地位。这一时期的城市整体布局大多呈现有机发展的趋势，建筑与地形、河流等自然环境有机结合，表现出强烈的地域性和文化性特征，如德国北部的吕贝克小镇就是典型的中世纪山地城市（图 2-3）。中世纪的教堂主要分为罗马式和哥特式两种。罗马式教堂具有从古罗马时代的巴西利卡式建筑演变而来的拱券结构，并采用山形墙、石材坡屋顶和圆拱。这种教堂的外形像封建领主的城堡，以坚固、沉重、敦厚、牢不可破的形象显示教会的权威，如意大利的比萨教堂。哥特式教堂以高、直、尖和具有强烈的向上动势为特征，采用很多矢状券的构造和尖塔式的装饰，造型轻巧而富于装饰意味。另外，哥特式教堂高耸入天的视觉效果给人与上帝和天堂相接的感受，建构起了一个"非人间"的特殊空间，以粗犷、灵巧、上升的力量体现着教会的神圣精神，以意大利的米兰大教堂和法国的巴黎圣母院为代表。蜿蜒曲折的城市街道消除了狭长街景的单调，并与两侧的居民住宅和底层商铺有机结合，创造出一种丰富多变的视觉效果。中世纪的城市广场分为市政、商业、宗教以及综合性等类型，广场平面图不规则，但大多具有较好的围合性。广场周边的建筑物一

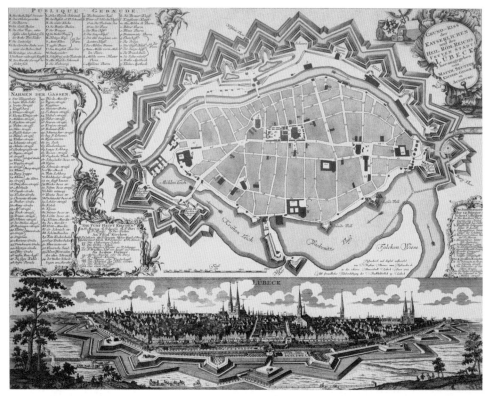

图 2-3　德国吕贝克小镇

般具有良好的视觉尺度和连续性，如佛罗伦萨的西格诺里广场。欧洲中世纪的城市因其缓慢的有机生长过程，呈现出建筑与自然完美结合的、独特的美学属性。尽管由于时代的局限，那时的城市具有很大的环境卫生问题，但这种与自然有机结合的设计思想至今仍然具有深远的影响。

5. 文艺复兴时期的城市

14 世纪到 17 世纪，意大利的佛罗伦萨等地出现了历史上第一次资产阶级思想解放运动，即文艺复兴（Renaissance），其倡导的人文主义精神对欧洲的城市设计思想产生了重要影响。文艺复兴时期的城市规划思想追求理想城市的布局形态，尊重古希腊和古罗马的文化传统，提倡科学和理性思维，恪守和谐与整体的艺术法则。意大利建筑师阿尔伯蒂继承了维特鲁威的思想，在《论建筑》一书中提出应结合城镇环境、地形地貌、水源、气候和土壤等因素，合理地考虑城市的选址和选型。其理想城市的模式为：城市街道由中心向外辐射，形成有利于防御的多边形星形平面；中心设教堂、宫殿或城堡；城市由几何形体构成。这种设计思想由于政治和经济方面的阻力，大部分并未得到推行。直到 16 世纪下半叶，意大利出现了复杂、奢侈且浮夸的巴洛克艺术，彻底抛弃了自然、有机的城市空间格局，通过建立整齐的、具有强烈秩序感的城市轴线系统，强调城市空间的运动感和序列景观。这种规划设计手法客观上有助于把不同历史时期、不同风格的建筑物联系起来，从而构成一个整体的环境。

6. 绝对君权时期的城市

17 世纪中叶以后，欧洲进入了绝对君权时期。此时的城市规划广泛应用巴洛克式手法，城市与建筑设计中古典主义盛行，力求体现秩序、理性的精神以及永恒、至上的王权。设计中的具体表现为：对抽象的对称和协调的追求、对几何结构和数学关系的探索、对轴线和主从关系的强调。

19 世纪法国拿破仑三世执政时期，为解决城市发展所带来的巴黎原有城市格局与城市新功能之间的矛盾，奥斯曼（Haussmann）主持了巴黎改建设计。巴黎改建是应用巴洛克风格的典型代表，其对中世纪形成的路网进行了彻底改造，建设了大量笔直宽阔的林荫道，并统一规定了新建道路两侧建筑的高度和立面等。通过改建，巴黎新增了大大小小的城市公园、广场 28 处，完善了城市绿化系统，还新建或改造了街道照明、给排水等城市基础设施。巴黎改建设计可以说是毁誉参半，为解决交通问题而对城市大拆大建，破坏了城市的原有面貌，但也使巴黎成为当时世界上最美丽、最现代化的大城市之一。奥斯曼在巴黎城市改建中运用的设计思想后来被欧洲大部分城市效仿，影响深远，美国华盛顿、澳大利亚堪培拉的城市设计都与其密切相关。

二、西方近代城市规划思想的兴起

1. 空想社会主义

16 世纪初英国资本主义萌芽时期，托马斯·莫尔（Thomas More）针对城市与乡村的脱离和对立问题提出了空想社会主义的"乌托邦"（Utopia）概念。1817 年，罗伯特·欧文（Robert Owen）提出了"新协和村"（Village of New Harmony）的公社设计方案。新协和村中间设公共厨房、食堂、幼儿园、小学、图书馆等，四周为住宅，附近有使用机器生产的工厂和手工作坊，村外有耕地、牧场和果林，全村产品集中于公共仓库，统一分配，财产公有。1825 年，欧文在美国印第安纳州对这一方案进行了实际建设，但最终失败。1829 年，查尔斯·傅里叶（Charles Fourier）出版了《新的工业世界和社会事业》（*Le Nouveau Monde Industriel*）一书，提出以"法朗吉"（phalanges）为单位，由 1500—2000 人组成公社，废除家庭小生产，以社会大生产代替。1830 年至 1850 年的 20 年间，其在多个国家共进行了 50 次试验，但大多没有成功。虽然空想社会主义的理论与实践对当时的社会未产生实际影响，但在规划思想史上占有一定的地位，其中的一些设想和理论成为其后的"田园城市""卫星城镇"等规划理论的源头。

2. 田园城市

1898 年，英国学者霍华德（Ebenezer Howard）出版了《明天：通往真正改革的平和之路》（*Tomorrow: A Peaceful Path Towards Real Reform*）一书，提出田园城市理念。该书于 1902 年再版时更名为《明日的田园城市》（*Garden City of Tomorrow*）。书中针对像伦敦这样的大城市所面临的拥挤、卫生等方面的问题，以绿地为主要手段，描绘出了一个兼有城市和乡村优点的理想城市——田园城市，并形成了一套完整的规划思想体系。霍华德在书中提出了城市最佳规模的建议，并从空间结构、道路交通、绿地景观、形态设计等方面进行了综合研究，而且附有图解和确切的经济分析。田园城市理论具有划时代的意义，对现代城市规划思想起到了重要的启蒙作用，被普遍认为是现代城市规划的开端，其后出现的卫星城、有机疏散理论等都不同程度地受到了田园城市的影响。

书中以三种磁力的图解阐述田园城市的规划目标，认为理想的城市应兼有城乡二者的优点，并使城市生活和乡村生活像磁体那样相互吸引、结合。田园城市实质上是城市和乡村的结合体，每个田园城市的城市用地占总用地的 1/6，若干个田园城市围绕中心城市呈圈状布置在绿地田野的背景下，田园城市间借助铁路只用几分钟就可以相互往来，田园城市的人口上限为 3 万人，超过这一规模就要另建一个新的城市（图 2-4）。

霍华德在书中还给出了一个容纳 32000 人的理想城市图示：城市总占地约 2400 公顷，其中农业用地约 2000 公顷。农业用地中除耕地、牧场、菜园、森林外，还有农业学院、疗养院等机构。城区位于农业用地的中心位置，占地约 400 公顷，四周

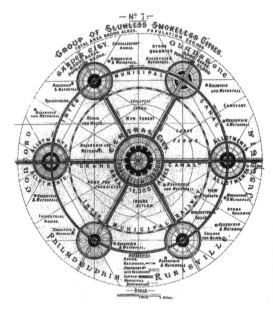

图 2-4　霍华德田园城市理论图解

农业用地应保留为绿带，不得占为他用。城市的 32000 人中，30000 人生活在城区，2000 人散居在乡间。

　　田园城市的城区部分呈圆形，由一系列同心圆组成，中央是一个公园，6 条主干道路从中心向外辐射，把城市分为 6 个扇形区域。城区核心位置布置一些独立的公共建筑，公园周围布置一圈玻璃廊道用作室内散步场所，与廊道相连的是一个个商店。城区直径线外 1/3 处设一条环形的林荫大道，作为补充性的城市公园，其两侧均为居住用地。城区最外围布置各类工厂、仓库和市场。

　　除城市理想模型以外，霍华德还对资金来源、土地分配、财政收支、经营管理等方面都提出了具体的建议。1903 年，伦敦东北部建立起了第一座田园城市——莱切沃斯（Letchworth）。莱切沃斯的城市设计是在霍华德的指导下，由田园城市理论追随者雷蒙·恩温（Raymond Unwin）和巴里·帕克（Barry Parker）完成的，但直至 1917 年，人口才 18000 人，与霍华德的理想相距甚远。第二座田园城市韦林（Welwyn）建于 1919 年，由索伊森斯（Louis de Soissons）设计。但最终这两座城市均未能解决大伦敦工业与人口的疏散问题。

3. 线形城市

1882 年，西班牙工程师索里亚·马塔（Arturo Soria Y Mata）提出了"线形城市"（Linear City，也称带型城市）理论。当时正值铁路交通大规模发展，地铁和有轨电车极大地改善了城市交通情况。在新的交通运输模式下，马塔提出交通运输线将组成城市的网络框架。线形城市即沿交通运输线布置的长条形的地带，城市沿道路两侧进行建设，宽度 500 米，长度无限。沿城市道路脊椎可以布置一条或多条电气铁路运输线，还可铺设供水、供电的各种地下工程管线。线形城市理论对 20 世纪的城市规划和建设产生了重要影响，如哥本哈根的指状发展、巴黎的轴向延伸等都可以说是线形城市模式的发展，同时，线形城市规划思想也被视为城市分散主义的开端。

4. 工业城市

1901 年，法国建筑师戈涅（Tony Garnier）提出了"工业城市"的设想，并于 1917 年出版了名为《工业城市》（*Une cité industrielle*）的专著。"工业城市"的城市规模为 35000 人，城市内各个功能区域划分明确。中心区在城市中央，包括集会厅、博物馆、展览馆、图书馆、剧院等。生活居住区呈长条形，宽 30 米、长 150 米，配备相应的绿化，并与小学和其他服务设施组成单位。疗养及医疗区位于城市北部向阳面，工业区位于居住区的东南部，各功能分区之间有绿化带隔离。火车站位于工业区附近，铁路干线通过一段地下铁道深入城市内部。城市交通方面设置快速干道和供飞机发动的试验场地。

5. 城市美化运动

城市美化运动主要是指 19 世纪末 20 世纪初欧美许多城市面对日益加速的郊区化趋向，为恢复中心区良好环境和吸引力而进行的景观改造运动。城市美化运动始于 1893 年的美国芝加哥世界博览会，在筹备世博会期间，芝加哥市区进行了大规模的建设。1903 年，专栏作家罗宾逊（Mulford Robinson）借芝加哥世博会呼吁城市的美化与改善，后来人们将在其倡导下进行的所有城市改造活动称为"城市美化运动"。1909 年，芝加哥世博会的负责人伯纳姆（Daniel. Burnham）编制的"芝加哥规划"被认为是第一份城市范围的总体规划。其借鉴了古典主义与巴洛克风格，以纪念性的建筑及广场为核心，通过放射形道路形成气势恢宏的城市轴线。奥姆斯特（F. L. Olmsted）是城市美化运动的另一代表人物，他于 1859 年在美国纽约建设了第一个现代意义的城市开放空间——纽约中央公园，改善了城市机能的运行，开创了促进城市中人与自然融合的新纪元。

城市美化运动的目的是塑造城市的和谐秩序，但具有明显的局限性，它更偏重装饰，并未解决城市的要害问题。城市美化运动以建筑学和园艺学的思维方式思考城市全局，催生了后来的景观建筑学，并影响了园林规划和绿地规划的兴起与发展。

6. 城市建设艺术

1889 年，奥地利建筑师卡米洛·西特（Camillo Sitte）出版了《城市建设艺术》（*The Art of Building Cities*）一书，针对当时城市建设中出现的忽视空间艺术性的问题，提出了以"确定的艺术方式"进行城市建设的原则，主张通过研究过去的、古代的作品寻求美的因素，弥补当今艺术传统方面的缺失。他强调人的尺度、环境的尺度、人的活动以及人的感受之间的协调，提倡建立丰富多彩的城市空间并实现其与人的活动空间的有机互动。西特还强调与环境合作，强调向自然学习，强调空间的视觉关系，强调多姿多彩的透视感。他用大量实例证明了中世纪城市在空间组织上的人文与艺术成就，并认为当时的建设是自然发生的，而非在图板上设计后再实施的，进而指出这样的空间更符合人的视觉和生理感受。西特关于城市形态的研究为近现代城市设计思想的发展奠定了重要基础。

7. 有机疏散理论

1918 年，芬兰建筑师伊里尔·沙里宁（Eliel Saarinen）为缓解城市由于机能过于集中所产生的弊病，提出了有机疏散（Organic Decentralization）理论，这是关于城市发展及布局结构的新理论。沙里宁认为，城市作为一个有机体，其内部秩序应是和生命有机体一致的，不能任由其凝成一大块，而要把人口和工作岗位分散到可使其合理发展的非城市中心的地域上去。重工业不应安排在城市中心位置，轻工业也应该疏散出去，腾出来的大面积用地可开辟成绿地。另外，个人生活和工作中的"日常的活动"可以集中布置，而"偶然的活动"可分散布置。沙里宁根据有机疏散的原则制订了大赫尔辛基方案。有机疏散理论对之后各国的新城建设和旧城改造等均有着重要的影响。

8. 城市集中主义与城市分散主义

柯布西耶（Le Corbusier）关于城市规划的理论被称为城市集中主义，其核心思想反映在两部重要著作中，即 1922 年的《明日的城市》（*The City of Tomorrow*）和

1933 年的《光辉城市》（*The Radiant City*）。在《明日的城市》一书中，他设想了一个 300 万人口的现代城市。城市中央为商业区，有 40 万人居住在 24 座 60 层高的摩天大厦中。高楼周围是大片的绿地，绿地再向外是环形居住带，有 60 万居民住在多层连续板式住宅中。城市的最外围是可容纳 200 万人的花园住宅。该城市的平面图是现代化的几何形式，体现了疏散中心、提高密度、改善交通，以及最大限度为居民提供绿地、阳光和空间的城市规划思想（图 2-5）。而在《光辉城市》中，柯布西耶认为城市必须集中，只有集中的城市才有生命力，理想的城市应该是"垂直的花园城市"。1925 年，他为巴黎中心区改建所做的规划充分体现了其设计思想，但由于忽视了巴黎的历史文化传统和现存社会结构等原因，方案未被采纳。

　　广亩城市（Broadacre City）概念是城市分散主义理论的代表。1932 年，美国建筑师赖特（Frank Lloyd Wright）在著作《消失的城市》（*The Disappearing City*）中提

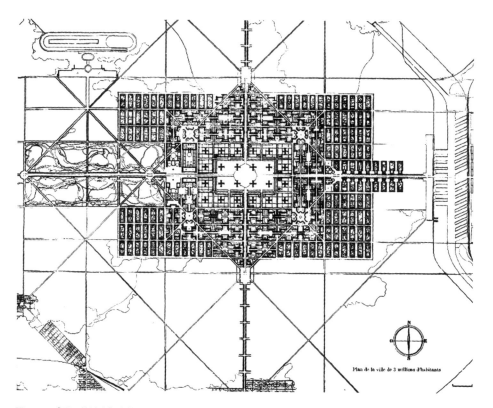

图 2-5　《明日的城市》中提出的 300 万人口的现代城市概念图

出了"广亩城市"的城市规划理念。赖特建议发展一种完全分散的、低密度的城市，建立一种新的半农田式社团——广亩城市。在广亩城市中，每户民居周围都有一英亩（4047 平方米）土地，足够生产粮食蔬菜。居住区之间有超级公路连接，以提供方便的交通，公路沿线规划公共设施、加油站并使它们自然地分布在整个地区的商业中心内。今日，广亩城市已成为美国城市近郊居民点稀疏分布的景象的真实写照。

9. 人本主义规划思想

帕特里克·盖迪斯（Patrick Geddes）和刘易斯·芒福德（Lewis Mumford）是城市规划领域人本主义思想的两位代表人物。盖迪斯强调城市规划不能只注重物质环境的研究。他从人类生态学的角度入手研究人与环境的关系，并提倡物质空间与社会经济的综合贯通。他的两部著作《城市发展》（*City Development*）和《进化中的城市》（*Cities in Evolution*）体现了他的人本主义规划思想。盖迪斯首创了区域规划的综合研究理论，认为城市从来就不是孤立的、封闭的，而是和外部环境（包括其他城市）相互依存的，应该将城市置于区域背景中进行考虑，并提出了城镇集聚区（Conurbation）的概念。另外，盖迪斯注重调查、实践在城市规划中的作用，提出了"先诊断、后治疗"的规划路线，并制定了调查—分析—规划的标准程序，这些都成了近代城市规划理论与方法的基础。

刘易斯·芒福德强调城市规划应重视各种人文因素，要从城市发展的过程中认识城市，研究文化与城市的相互作用。他认为，人类社会与自然界有机体相似，城市赖以生存的环境即区域，城市规划必须对城市和区域所构成的有机生态系统进行调查研究和科学分析。芒福德的《城市文化》（*The Culture of Cities*）与《城市发展史：起源、演变和前景》（*The City in History: Its Origins, Its Transformations, and Its Prospects*）被称为其最重要、最有影响力的两部著作。他的城市社会学思想对后来的城市规划理论与实践产生了重要的影响。

10. 芝加哥学派与城市空间结构模式

不同学科对城市的研究为城市规划的理论与实践提供了重要基础。20 世纪最早的有意识地系统研究城市发展的理论体系是由芝加哥学派（Chicago School）的帕克（Robert Park）和伯吉斯（Ernest Burgess）等创立的"人文生态学"（Human Ecology）。芝加哥学派及其后继者以经济理性为思想工具，开创了对城市发展及其状况的体系化研究，完成了对城市空间结构的描述，提出了关于城市演变过程的经典理论。芝加哥学派在城市规划领域最重要的贡献是提出了城市空间结构的三大经典模式，即伯吉斯的同心圆模式（1925）、霍伊特（H. Hoyt）的扇形模式（1934）、哈里斯（C. Harris）和厄尔曼（E. Ullman）的多核心模式（1945）。这些理论之后又被城市社会学、城市经济学、城市地理学等学科阐释并发展，成为相关理论的研究基础。

11. 邻里单位理论

针对纽约等大城市人口密集、房屋拥挤、居住环境恶劣、交通事故严重等现实，美国建筑师佩里（Clarence Perry）于 1929 年提出了以邻里单位（Neighbourhood Unit）作为构成居住区的"细胞"，并建议以一所小学所服务的面积作为一个邻里单位，邻里单位的四界为主要交通道路，儿童上学可在邻里单位内完成，而不用穿越交通道路。一个邻里单位包括大约 1000 户、5000 名居民，并且其中任意两地的距离不超过 1.2 千米。邻里单位内部设置日常生活所必需的商业服务设施，但应尽量保留原有地形地貌和自然景色，并规划出充足的绿地。邻里单位内建筑可自由布置，但须保证各类住宅都有充分的日照、通风和充足的庭园空间。邻里单位规划思想被世界各国的规划师广泛用于新城建设以及二战之后的城市规划中。

12.《雅典宪章》

1928 年，国际现代建筑协会在瑞士成立，简称 CIAM。1933 年会议通过的《雅典宪章》（*The Charter of Athens*）提出现代城市应解决好居住、工作、游憩、交通四大方面的问题，城市应该按照功能进行分区，科学地制定总体规划。宪章还提出城市发展中应保留名胜古迹和古建筑，并强调城市规划应考虑立体空间的规划，以及应以国家法律的形式保证规划的实现。《雅典宪章》适应了当时的生产、生活状况，以及科技给城市带来的变化，其中的一些基本观点至今仍对城市规划有着重要影响。

三、第二次世界大战后至20世纪60年代的城市规划思想

1. 卫星城

卫星城是霍华德当年的两位助手恩温和帕克对田园城市中分散主义思想的发展。1912 年，恩温和帕克在合作出版的《拥挤无益》（*Nothing Gained by Overcrowding*）一书中进一步发展了霍华德的田园城市理论，将在曼彻斯特南部伟恩肖尔（Wythen-shawe）进行的以城郊居住为主要功能目标的新城建设实践总结归纳为"卫星城"

理论。1922 年，恩温出版《卫星城镇的建设》(*The Building of Satellite Towns*) 一书，正式提出了卫星城的概念。他认为，建设卫星城是防止城市规模过大和不断蔓延的重要方法。卫星城是一个经济上、社会上、文化上具有现代城市性质的独立城市单位，但同时又与中心城市（又称母城）具有依赖关系。由于卫星城的主要功能是疏解中心城市的压力，因此往往被视为疏解中心城市某一功能时的接受地，卫星城在发展中形成了工业卫星城、科技卫星城，甚至卧城等各种类型。

卫星城理论虽在 20 世纪 20 年代就已经被提出，但其价值的充分体现发生在二战以后。在二战后至 20 世纪 70 年代之间的西方经济和城市快速发展时期，大多数国家都进行了不同规模的卫星城建设，其中英国、法国、美国以及中欧地区最为典型。但经过一段时间的实践，卫星城对中心城市的依赖所引发的一些问题逐渐显现，因此，之后的卫星城更加强调独立性。20 世纪 40 年代开始的英国新城运动就是在卫星城思想上发展而来的。

2. 大伦敦规划

从工业革命开始，伦敦市区不断向外蔓延，外围的小城镇和村庄不断被其吞并，市区内人口越来越密集。针对工业与人口不断聚集的问题，伦敦市政府提出了疏散伦敦中心地区工业和人口的建议。在此背景下，1942—1944 年阿伯克隆比 (Patrick Abercrombie) 主持编制了大伦敦规划 (Greater London Plan)。该规划吸收了以城市周围地域为城市规划考虑范围的区域规划思想，规划方案采用了同心圆与放射型廊道结合的结构，并在距离伦敦市中心半径约 48 千米的范围内，由内向外划分了四层地域圈，即内圈、近郊圈、绿带圈和外圈。内圈建筑与人口密集，规划内容包括控制工业、改造旧街坊、降低人口密度；近郊圈有良好的居住区和健全的地方自治团体，主要规划内容为限制居住用地净密度，并利用圈内空地建设绿化区；绿带圈为宽约 8 千米的绿化地带，圈内设置森林、大型公园绿地，以及各种游憩、运动场地，并就近提供新鲜蔬菜和农副产品，绿带圈内应严格控制建设，形成一个制止城市向外蔓延的屏障；外圈主要用以疏散过剩的人口和工业企业，其中设置了 8 个能提供就业岗位的卫星城，如哈罗 (Harlow)、斯特文内奇 (Stevenage)等。大伦敦规划吸收了 20 世纪初期以来西方国家规划思想的精髓，对控制当时伦敦市区的蔓延及改善城市环境起到了一定作用，并对当时各国大城市的规划产生了深远的影响（图 2-6）。

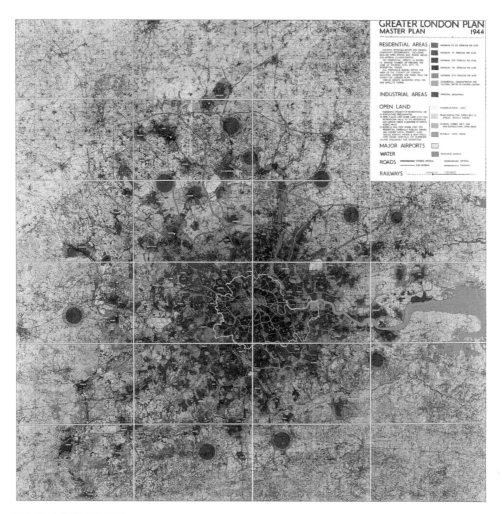

图 2-6 大伦敦规划示意图

    但是，大伦敦规划在之后几十年的实践中出现了不少问题。比如，中心区第三产业大量涌现，居民通勤距离过长；新城对疏散人口的效果不明显，反而吸引了外地人口，中心区人口并未减少反而有所增长；工业迁出后没有进行有效改造，原有的各种矛盾依然严重；交通负荷不断增长等。20 世纪 60 年代中期，新的大伦敦发展规划试图改变原规划的同心圆封闭式布局，使城市沿三条主要快速交通干线向外扩展，形成三条长廊地带，在长廊终端分别建设三座"反磁力吸引中心"城市，以期在更大地域范围内解决伦敦及其周边地区的经济、人口和城市的合理、均衡发展问题。

3. 英国的新城规划

英国自 1946 年开始建设新城，共经历了三个阶段。

1946—1950 年规划的 14 个新城被称为第一代新城，其代表是哈罗新城。第一代新城较多地体现了霍华德田园城市的思想，特点是密度低、人口规模小、按照邻里单位进行建设、功能分区比较严格、道路网由环路和放射路组成，缺点是文娱或其他服务设施不足、新城中心不够繁华、缺乏生机和活力等。

在总结第一代新城缺点的基础上，英国于 1955 年开始建设第二代新城，苏格兰的坎伯诺尔德（Cumbernauld）是其中的第一个。第二代新城的特点是规模比第一代大、功能分区不如第一代严格、密度比第一代高。第二代新城的规划考虑到了区域经济的平衡，把新城作为经济发展点，通过建设发展点来重新分布区域人口，组织区域经济。

1964 年，英国政府提出过去建设的新城并未解决城市问题，因而主张发展一些规模较大的有吸引力的"反磁力"城市来疏解伦敦的就业人口，于是开始了第三个阶段的新城建设。英国政府在伦敦周围扩建了 3 个旧镇：密尔顿·凯恩斯（Milton Keynes）、北安普顿（Northampton）和彼得博罗（Peterborough），扩建后每个镇至少增加了 15—25 万人。

4. 古建筑与城市遗产保护

欧洲工业革命后的相当一个时期，人们并未意识到古城与古建筑的历史保护问题。直到随意的拆建以及战争的大肆损毁引发了诸多问题，人们才开始重视城市的历史文化传统。许多城市在重建过程中开展了有效的历史环境保护工作，并将保护范围由点到片地扩展，形成对整座古城的保护，进而展开对乡土建筑、自然景观等的保护行动。如意大利的威尼斯和罗马、法国巴黎、瑞士伯尔尼、美国威廉斯堡、埃及开罗以及日本的京都、奈良等。

到 20 世纪 60 年代末 70 年代初时，城市建筑的历史保护已成为世界性的潮流。这一时期通过的一系列文件确立了历史保护思想的地位，并提出了其具体的概念、原则与方法，如 1964 年的《威尼斯宪章》、1976 年的《内罗毕建议》、1977 年的《马丘比丘宪章》、1987 年的《华盛顿宪章》等。

5. 区域规划与大城市连绵区

20 世纪 60 年代，世界城市化进程继续。为防止无计划的过度城市化，控制大城市、发展中小城市的理念受到大多数国家的重视。大城市的布局逐渐由封闭式的单一中心转变为开敞式的多中心形态。城市规划则更加重视从区域发展研究入手对经济和社会进行全面的考虑，并倡导均匀分布生产力和就业人口，以对抗现代化大城市所产生的向心力。

与此同时，群体布局也成为世界城市发展的模式之一。1957 年，法国地理学家戈德曼（Jean Gottmann）对美国东北部带状城镇集聚区结构进行了研究，提出了大城市连绵区（Megalopolis）的概念，即在一定区域范围内聚集的城市构成的一个相互依赖、兴衰与共的经济组合体。其一般以若干个几十万或几百万人口的大城市为中心，形成一个城市化较发达的地带。戈德曼认为美国形成了三个大城市连绵区，即波士顿—华盛顿大城市连绵区、芝加哥—匹兹堡大城市连绵区和圣地亚哥—旧金山大城市连绵区。之后，欧洲、日本等国也相继进行了各自的大城市连绵区规划。

6. 城市中心区更新

20 世纪 60 年代，随着社会的不断发展，西方大城市或者由于中心区的容纳能力超出极限，或者由于过度郊区化，而导致城市中心区的衰退。为缓解中心区的过度负荷，一些发达国家采取了建设副中心，一心变多心的规划方式。如日本东京建设了新宿、池袋、涩谷三个副中心，法国巴黎在市区边缘建设了拉·德芳斯等 9 个综合性地区中心。同时，各国还在政策和建设措施上采取优势吸引的方法鼓励居民重返内城，如具有优越居住条件的美国纽约曼哈顿罗斯福岛"城中之城"（Town in Town）和英国伦敦巴比坎文化中心综合居住区等。

7. 科学城与科学园地

20 世纪 60 年代，各国相继建设以教育、科研、高技术生产为中心的智力密集区，以促进科技、教育、经济与社会的协同发展，即科学城或科学园地。其中比较著名的有日本的筑波科学城、关西文化学术研究都市的构思、九州硅岛，美国的加利福尼亚州硅谷、波士顿 128 号科学综合体，英国的剑桥科学园、苏格兰硅谷，法国的法兰西岛、索菲亚科学城、安蒂波利斯科学城，加拿大的北硅谷，联邦德国的新技术创业者中心等。

8. 城市环境与行为研究

自 20 世纪 60 年代起，城市规划从单纯的研究物质空间转向关注城市环境与居民行为的关系，并开始从环境上寻求满足使用者的需要、理想和爱好的场所形态。

1960 年，凯文·林奇（Kevin Lynch）出版了《城市意象》（*Image of the City*）一书。他在书中介绍了以"城市认知地图"来研究城市的方法，并总结了城市意象五要素，即路径（Path）、边界（Edge）、区域（District）、节点（Node）、标志（Mark）。城市意向后来逐步发展为一种研究城市的理论方法，它主要从城市形态和环境意象两个方面对城市的形体和环境内涵进行说明，并提出了城市的"可读性"概念，认为城市的环境和文化特征能够在人们的记忆中得到延续。

简·雅各布（Jane Jacobs）在 1961 年出版的《美国大城市的死与生》（*The Death and Life of Great American Cities*）一书中，对城市规划界一直奉行的最高原则进行了无情的批判。她认为浩大的城市建设工程破坏了城市原有的结构和生活秩序，提出多样化是城市活力的重要条件，并总结了城市多样化形成的因素。其观点对城市规划理论的发展起到了里程碑式的作用。

1962 年，蕾切尔·卡逊（Rachel Carson）在《寂静的春天》（*Silence Springs*）一书中指出，由于滥用化学物质，未来人类可能面临一个没有鸟、蜜蜂和蝴蝶的世界。该书明确地把环境问题放到人类生存的社会生态系统中来讨论，并引发了全世界范围的环保事业的兴起。

1965 年，克里斯托弗·亚历山大（C. Alexander）出版的《城市并非树形》（*A City is not a Tree*）一书是以系统的观念来研究城市复杂性的一个重要起点。书中否定了将城市各组织元素、各层次等级看作"树形结构"的传统认识观，通过实证性研究指出城市是一个重叠的、多元交织的整体，是具有活力的半网络（Semi-Lattice）结构。

1969 年，英国学者麦克哈格（Ian Lennox McHarg）在其著作《设计结合自然》（*Design with Nature*）一书中详细研究了如何将城市土地利用与自然条件进行有机结合，减少城市建设中人为因素对自然水文地质的破坏。这本书被视为生态主义者的宣言，对当前的城市规划理论研究和实践仍具有重要的指导意义。

9. 理性规划与计算机辅助

20 世纪 50 年代末到 60 年代初，城市规划思维开始向系统、理性的方向转变。城市规划被看作一个复杂的动态系统，其目的是以客观、科学的态度认识和规划城市。由此，以计算机科学为基础的定量分析模式开始在城市规划研究中得到广泛应用。20 世纪 70 年代以后，学界开始认识到城市规划的政治性，提出了计算机不可能生产出不带任何价值观的、客观中立的规划的观点。计算机技术在城市规划中的应用重点开始转向数据和信息本身的价值。20世纪80年代以后，以地理信息系统（GIS）、计算机辅助制图（CAD）为代表的计算机技术开始普及，并被逐渐应用于城市规划和管理领域的日常事务中。20世纪90年代以后，西方规划界出现了基于多元化主体的"交往规划"，将城市规划看作一个交流、沟通和协作的行为，目的是为多方利益主体提供解决问题的途径。在这一思想影响下，规划支持系统（PSS：Planning Support System）作为计算机辅助规划的主要工具，成为交往规划的技术平台。2000年以后，计算机技术在城市规划领域的使用更加深入和成熟。近年来，随着地理信息系统技术的完善及大型统计软件向个人电脑操作系统的移植，计算机技术在城市规划设计中的作用越来越明显。

10. 倡导性规划与公众参与

20世纪60年代，随着西方社会问题的不断激化，规划学界开始了研究社会学问题的热潮。1965年，戴维多夫（P. Davidoff）提出了"规划中的倡导论与多元主义"（Advocacy and Pluralism in Planning）思想，认为城市规划的作用在于其倡导性，进而提出了倡导性规划的概念。该理念倡导规划的社会化，提出城市规划不应以一种价值观来压制其他价值观，而应当为多种价值观提供可能。规划师需要表达不同的价值观，利用自己的专业知识和技能为不同利益群体代言并制定相应的规划方案。倡导性规划首次强调了规划师不仅要考虑做什么，而且要考虑为谁做的问题。

1968年，斯凯夫顿（Skeffington）领导的政府特别小组经研究提交了关于公众如何参与地方规划的报告——斯凯夫顿报告（The Skeffington Report），提出了设计社区论坛、任命社区发展官员等一系列设想，被公认是西方公众参与城市规划的里程碑。

四、20世纪70年代至90年代的城市规划思想

1. 文脉主义与场所理论

20世纪60年代末70年代初，强调功能理性的现代城市规划思想转变为注重社会文化的后现代城市规划思想，人本主义成为后者的核心。后现代城市规划理论中最突出的是关于文脉（Context）和场所的理论。

文脉指的是人与建筑的关系、建筑与城市的关系，以及整个城市与其文化背

景之间的关系，它们相互之间存在着内在的、本质的联系。1978 年，美国学者科林·罗（Colin Rowe）和弗瑞德·科特（Fred Koetter）提出了"拼贴城市"（Collage City）理论，认为现代城市规划按照功能划分区域的做法割断了文脉和文化多元性，而城市应该是由具有不同功能的部分拼贴而成，多元内容的拼贴构成了城市的丰富内涵，各种对立因素的统一是使城市具有生气的基础。

后现代主义认为城市规划并不是简单的构图游戏，空间形式的背后蕴涵着某种深刻的含义，其与城市的历史、文化、民族等一系列主题密切相关。城市规划可以赋予城市空间丰富的意义，使之成为市民喜爱的"场所"。场所不仅具有实体空间的形式，还有精神上的意义，当空间中一定的社会、文化、历史事件与人的活动及所在地域的特定条件发生联系时，便产生了某种文脉意义，空间便成了"场所"。

2.《马丘比丘宪章》

1977 年在秘鲁利马签署的《马丘比丘宪章》（*Charter of Machu Picchu*）是《雅典宪章》后，另一个对世界城市规划与设计产生深远影响的文件。《马丘比丘宪章》对当代城市规划理论与实践中的问题做了论述，肯定和批评了《雅典宪章》中的一些内容。例如，它肯定了《雅典宪章》中将交通列为城市基本功能之一，但提出交通系统不应以小汽车为主，而应改为以公共交通为主。《马丘比丘宪章》还指出，《雅典宪章》中将城市划分为不同功能区的方式牺牲了城市的有机组织，忽略了人与人之间多方面的联系，而城市规划应创造一个综合的、多功能的生活环境。另外，《马丘比丘宪章》还讨论了城市规划与设计在新形势下应以什么指导思想来适应时代的变化。

3. 沟通式规划与协作式规划

20 世纪 70 年代，西方社会发展出现了新的转机，经济、政治生活都在向后现代迈进，能源危机、环境保护、可持续发展等议题逐渐得到重视。同时，西方经济的衰落使资本主义的潜在矛盾日益显现，马克思主义思想再次得到发扬，并被应用于城市规划理论中。沟通式规划（Communicative Planning，也称联络式规划）逐渐成了西方城市规划理论的主流，而协作式规划（Collaborative Planning）则代表了其最新的一个发展方向。

1989 年，约翰·福斯特（John Forester）指出形成、交流、传达信息这些活动本身就是规划行动。例如，形成方案时的分析、交流意见时的措辞、传达报告时的态度都对决策者有不同程度的影响。1994 年，塞格（Tore Sager）正式提出沟通式规划的概念。1998 年，朱迪斯·英尼斯（Judith E. Inners）通过研究将它发展为较完整的沟通式规划理论。沟通式规划强调"沟通"，即基于政府、公众、开发商、规划师多方面的观点达成共识。规划师在这一过程中作为倡导者、组织者和说服者，组织讨论、交流协商、形成决议。

协作式规划的基础是德国社会哲学家哈贝马斯（Habermas）提出的"沟通行为与沟通理性"（communicative action and communicative rationality）理论。该理论在 20 世纪 80 年代被介绍到规划界。90 年代，美国加州大学伯克利分校城市与区域规划系教授朱迪斯·英尼斯和英国规划师、纽卡斯尔大学名誉教授帕齐·希利（Patsy Healey）为这一理论的深化、完善做出了重要贡献，使之成为规划发展史上的"沟通转向"（communicative turn）。协作式规划是对沟通式规划的进一步发展，它更加强调平等对话与交流，提倡在充分沟通、掌握所有信息的基础上，实现理性的合作。

4. 生态城市与可持续发展

20 世纪 70 年代，联合国教科文组织在"人与生物圈计划"研究过程中首次正式提出了生态城市概念，并在其第 57 期报告中指出："生态规划就是要从自然生态和社会心理两方面去创造一种能充分融合技术和自然的人类活动的最优环境，诱发人的创造精神和生产力，提供高的物质和文化生活水平。"换句话说，生态规划是应用生态学原理，以人居环境可持续发展为目标，对人与自然环境的关系进行协调完善的规划类型。城市生态规划致力于将生态学思想和原理渗透进城市规划的各方面和部分，并使城市规划"生态化"。1984 年，美国生态学家理查德·雷吉斯特（Richard Register）提出了初步的生态城市原则。1987 年，俄罗斯生态学家杨尼斯基（O. Yanitsky）概括并阐述了生态城市的概念和建设原则。1990 年，第一届生态城市国际会议在伯克利召开，确定了以生态原则重构城市的目标。经过数十年的理论研究和实践，业界普遍达成如下共识：生态城市是以生态学原理为基础，综合研究自然、经济、社会的复合生态系统，是自然环境良好、经济高效、社会安全的可持续发展的城市。1987 年，世界环境与发展委员会在《我们共同的未来》报告中将可持续发展定义为"既满足当代人的需求，又不对后代人满足其自身需求的能力构成危害的发展"。1992 年，联合国环境与发展大会发表《全球 21 世纪议程》，这标志着可持续发展开始成为人类的共同纲领。此后，生态城市概念与可持续发展思想紧密结合，为城市的发展建设提供了理论基础和科学依据。

五、1990年代以来的城市规划思想

1. 新城市主义

20世纪80年代末，美国等西方国家开始对二战后郊区化发展模式进行反思，新城市主义即在此背景下产生。该理论以"终结郊区化蔓延"为己任，倡导"以人为中心"的设计思想，力图重塑人性化且具有多样性、社区感的城镇生活氛围。新城市主义主要强调以现代需求改造旧城市中心的精华部分，使之衍生出符合当代人需求的新功能，但要保持旧的面貌，特别是旧城市的尺度。其典型案例是美国的巴尔的摩、纽约时代广场、费城"社会山"及英国的道克兰地区的更新改造。

新城市主义是20世纪90年代后西方国家城市规划领域最重要的探索方向之一。安德烈斯·杜安伊（Andres Duany）和伊丽莎白·齐贝克（Elizabeth Zyberk）夫妇提出的"传统邻里开发模式"（Traditional Neighborhood Development, TND）是新城市主义侧重小尺度城镇内部街坊研究的衍生理论。彼得·卡尔索普（Peter Calthorpe）提出的"公共交通导向的城市发展模式"（Transit-Orient Development, TOD）是侧重整个城市大层面区域研究的衍生理论，其核心是以区域性交通站点为核心，以适宜的步行距离为半径，改变汽车在城市中的主导地位。TND和TOD是新城市主义规划思想提出的现代城市空间重构的典型模式，它们共同体现了新城市主义的基本观点：用地紧凑、功能混合、适宜步行、人性尺度、多样化住宅，以及高质量的建筑和城市设计等。

2. 精明增长

20世纪90年代，美国规划师协会针对"郊区化"发展带来的低密度城市无序蔓延、农田锐减、人口郊区化、远距离通勤等城市问题，提出精明增长（Smart Growth）的城市发展策略。该策略建议政府通过各种政策和法规对土地开发活动进行管制，使城市增长遵循可持续、健康的方式，达到经济、环境、社会的平衡，并使城乡居民都受益、新旧城区均良好发展。其基本措施包括：保持良好的环境，强调以公交和步行为主的交通模式；鼓励市民参与规划，鼓励社区间的协作；加强城市竞争力，改变城市中心区衰退趋势；鼓励紧凑发展的土地利用模式，充分利用已开发的土地和基础设施；提倡土地混合使用、住房类型和价格多样化。

精明增长策略在具体实施过程中一般会根据城市需要划分优先资助区和非优先资

助区。最著名的增长管理实践是美国俄勒冈州划定的"城市增长界限"（Urban Growth Boundaries, UGBS），它将所有的城市增长都限定在界限之内，包含已建设用地、闲置土地和满足未来 20 年城市增长需求的新土地，界限外只发展农业、林业和其他非城市用地。除城市土地规划外，增长管理的手段还包括法规、计划、税收、行政等多方面。

3. 紧凑城市

1973 年，丹齐克（George B. Dantzig）和萨蒂（Thomas L. Saaty）在《紧缩城市：适于居住的城市环境计划》（*Compact City: A Plan for a Liveable Urban Environment*）一书中提出了紧缩城市（也称为紧凑城市）的概念。1990 年，欧共体委员会（CEC）在《城市环境绿皮书》中再次提出"紧凑城市"模式，并解释：该模式脱胎于传统的欧洲城市，强调高密度、多用途以及社会和文化的多样性，其发展目标在于避免通过不断延伸城市边界来应付所面临的问题。紧凑城市的核心思想包括：高密度居住、对汽车的低依赖、城市边界和景观明显、混合土地利用、生活多样化、身份明晰、社会公正、日常生活丰富以及政府独立。

4. 全球化与新国际分工

20 世纪 90 年代以来，世界经济进入全球化时代，以跨国公司为代表的全球贸易资本和生产布局的改变深刻影响了世界经济格局。世界经济一体化和地域化趋势日益明显。随着资本的全球流动、技术和知识的全球扩散，大量制造业基地迁移到了发展中国家，引发了城市资源配置和产业发展方向在全球范围内的重新分配，形成了新的国际分工格局。为争夺发展机会，各国城市间竞争愈发激烈，城市规划也由被动设计转向主动应对，谋求自身的发展。与此同时，全球化也产生了一些负面影响，如环境污染的全球化转移和社会的两极分化。

5. 应对全球气候变化的低碳城市

面对全球气候变化和环境危机，世界各国开始商讨协同减少或控制二氧化碳排放。1997 年 12 月，《联合国气候变化框架公约》第三次缔约方大会在日本京都召开。149 个国家和地区的代表通过了旨在限制发达国家温室气体排放量以抑制全球变暖的《京都议定书》，这是人类历史上首次以法规的形式限制温室气体排放。作为人类生产与生活的重要空间载体，城市是碳排放最主要的地域单元，因此，城市是实现全球减碳的关键所在。

2003 年，英国政府发布的能源白皮书《我们能源的未来：创建低碳经济》引发了建设低碳城市（Low-carbon City）的热潮。低碳主要是指降低温室气体（主要为二氧化碳）的排放，低碳概念与城市建设相结合即形成了低碳城市概念。低碳城市主要是指在城市建设中，发展低碳经济，采用低碳模式和低碳技术，减少温室气体排放，实现经济高效、能源安全、环境保护良好。

6. 应对全球自然灾害的韧性城市

21 世纪以来，全球范围内自然灾害多发，防灾减灾已成为各国面临的首要问题之一。传统防灾减灾主要采取灾害治理与抵御相结合的方式，侧重对灾害本身的关注而忽略了灾害与人类社会（城市）之间的互动关系，做法相对被动且效果不佳。如今，城市韧性理念在防灾减灾研究中正在逐渐获得认同并成为重要的指导思想。1973 年，加拿大生态学家霍林（Crawford Stanley Holling）首次将韧性思想应用于生态学学科，韧性理念深刻影响了心理学、灾害研究、经济地理学、环境学等多个领域。城市韧性是指城市承受灾害干扰并保持自身功能不受破坏的能力，它包括三个层面，即城市在保持其原有状态或形成新的稳定状态时承受灾害的能力、城市自组织能力，以及城市在灾害经验中学习和提高自身适应性的能力。目前，其研究已拓展为生态、技术、社会和经济的多维视角。2013 年，美国洛克菲勒基金会在成立 100 周年之际宣布举办全球 100 座具有韧性的城市挑战赛，并建立了韧性城市框架（City Resilience Framework，CRF），提出韧性城市的建设应基于健康和幸福、经济和社会、基础设施和环境、领导和策略四个基本维度和十二个驱动程序。同年，纽约发布了《一个更强大、更具韧性的纽约》规划，开始在城市建设中推行韧性理念，该理念在美国和欧洲规划界得到了广泛认同，成了当代城市规划思想的核心组成部分。

7. 智慧城市与大数据

智慧城市的概念源于 2008 年 11 月 IBM 在美国纽约发布的《智慧地球：下一代领导人议程》主题报告中提出的"智慧地球"理念，技术创新和社会创新是促进其发展的两大核心要素。智慧城市以信息和通信技术为手段，通过对城市系统中关键信息的感测、分析和整合，对城市的各项活动和需求做出智能响应。大数据是智慧城市建设的核心技术手段，传感网络将城市各系统紧密关联，云计算和人工智能平台对城市建设与管理中的地理信息、GPS 数据、建筑物三维信息、统计数据等进行存储、计算和分析。这样就实现了对城市交通、环境保护、安全防灾、基础设施等系统的智慧化管理和决策支持，有助于为市民提供智能化、个性化的服务，促进城市的可持续成长。

第二节　中国的城市规划思想

一、中国古代的城市规划思想

1. 中国古代城市规划思想的萌芽和形成

我国古代城市规划思想的萌芽大约出现在 4000 多年前的夏商时期。史料中已发现对夏代建城的记述，从中可知，当时人们已掌握了陶制排水管及夯打土坯筑台等技术，这些为之后我国城市规划思想的形成积累了一定的物质基础。商代的城市建设空前繁荣，河南偃师二里头村的古商城遗址是迄今为止发现的我国最古老城址，建于商代早期。已发现的同时期或稍晚的城市遗址还有偃师尸乡沟商城、郑州商城和安阳殷墟等。

周代是我国奴隶社会的鼎盛时期，社会经济、政治、科学技术和文化艺术都得到了较大的发展，城市数量也有了较快的增长。周王朝的都城丰镐（丰京和镐京，据推测位于西安西南）以及后来的洛邑（今洛阳）的建设是这一时期的代表。周代是我国古代城市规划体系形成的时期。周人在总结前人建城经验的基础上，制定了一套营国制度，包括都邑建设理论、建设体制、礼制营建制度、规划制度和井田方格网系统。成书于春秋战国之际的《周礼·考工记》记述了周代王城建设的空间布局："匠人营国，方九里，旁三门。国中九经九纬，经涂九轨。左祖右社，面朝后市。市朝一夫（图 2-7）。"书中还记述了按照封建等级，不同级别的城市（如都、王城、诸侯城）在用地规模、规划形制、道路宽度、城门数目、城墙高度等方面的差异，并且对城外的郊、田、林、牧地的规划做了论述。《周礼》中对王城建设的总结可以被视为我国古代乃至世界最早的城市规划建设理论，它对中国古代的城市规划思想和实践产生了深远的影响。必须说明的是，迄今为止的考古发掘中并未发现这一时期完全按照此规制建成的城市，因此，我们也可以认为这种描述带有理想主义的色彩。

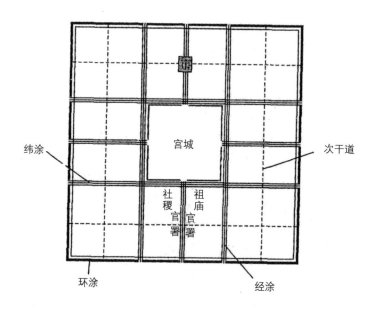

图 2-7 《考工记》所载王城理想图

　　春秋战国时期,城市规划思想开始多样化。《墨子》中记载了有关城市建设和攻防战术的内容,提出了城市规模应与农田比例和粮食储备保持相应的关系,以利于城市的防守。《吴越春秋》记载了吴国大臣伍子胥在规划国都时提出的"相土尝水,象天法地"的思想。《管子》中描述了居民点选址"高勿近阜而水用足,低勿近水而沟防省"的基本要求,以及"因天材,就地利,故城郭不必中规矩,道路不必中准绳"的建城基本原则。这些内容中包含的从城市功能出发的理性思维和与自然和谐共处的准则对后世影响深远。齐都临淄城的规划建设是《管子》规划思想的具体体现。另外,《商君书·徕民篇》记载:"地方百里者,山陵处什一,薮泽处什一,谷流水处什一,都邑蹊道处什一,恶田处什二,良田处什四,以此食作夫五万,其山陵、薮泽、溪谷可以给其材,都邑蹊道足以处其民,先王制土分民之律也。"这段文字更多是从区域角度,考虑了水源、能源、材料等要素与城市发展的关系,并描绘出了定量的用地比例。

　　秦始皇统一中国后将全国划为四大经济区,这体现出了一定的区域规划思想。秦王朝信神,其城市规划中的神秘主义色彩对中国古代城市规划思想影响深远。西汉则进一步强化了区域内城镇网络的作用,国都长安并未按照周礼布局进行规划建设，其城市布局并不规则，没有贯穿全城的对称轴线，宫殿与居民区相互穿插（图2-8）。王莽代汉取得政权后，受儒教影响，国都洛邑的规划建设中充分体现了周礼的思想。洛邑城为长方形，宫殿与市民生活区相互分离，宫殿分布于城市南北中轴线上。

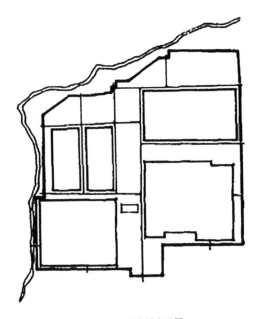

图 2-8　西汉长安城布局图

2. 中国古代城市规划思想的发展和成熟

魏晋时期是我国古代城市规划思想的发展期。三国时期魏国邺城的规划布局功能分区明确，结构严谨。邺城整体为长方形，可分为南北两部分，北部是宫殿、皇家园林和贵族居住区，南部为居住里坊、市场和手工业作坊。邺城布局中，宫城大致位于中间的位置，城市交通干道轴线与城门对齐，道路分级明确，方格网的道路系统划分出规整的里坊。此种规划布局对之后隋唐长安城的规划，以及中国古代城市规划思想都产生了重要影响。吴国金陵城的建设依自然地势发展，以石头山、长江险要为界，依托玄武湖防御，皇宫位于城市南北中轴线上，重要建筑对称布局于两侧，是周朝礼制思想与自然结合的规划理念的典范。

南北朝时期，佛教和道教的空前发展使城市布局中出现了大量宗庙和道观，城市外围出现了石窟，它们拓展和丰富了城市空间要素。这一时期的城市空间布局强调人工和自然环境的整体和谐，以及城市的信仰和文化功能。

隋唐时期我国封建社会成熟并高度发展，城市数量也有很大增长。以长安和洛阳为代表，都城规划强调规模的宏大、城郭的方整、街道格局的严谨和里坊制度，功能分区体制的严格达到了新的高度（图 2-9、图 2-10）。隋唐长安城完全是按城市规划修建的，由宇文恺设计，它也是中国乃至世界在封建社会建成的最大城市。长安城由宫城、皇城、外郭城组成。宫城位于都城北部的正中，皇城在宫城之南，均呈规整的长方形。外郭城从东、南、西三面拱卫宫城和皇城。皇城南面的朱雀大街（宽150米）是长安城的中轴线，棋盘式路网系统划分出108个封闭式的里坊以及东、西两市。城内除了皇宫外，还分布有园林、寺院、官署、市场和住宅。长安城布局严整，分区明确，规模宏大，充分体现了封建社会鲜明的等级制秩序。

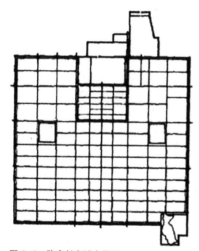

图 2-9　隋唐长安城布局图

图 2-10　隋唐洛阳城布局图

随着商品经济的发展，从宋代开始，中国城市建设中延绵了千年的里坊制度逐渐被废除。北宋中叶的开封城中开始出现开放的街巷，这是中国古代后期的城市规划布局形式与前期的主要区别，是中国古代城市规划思想重要的新发展。

元代大都是另一个完全按照规划设计修建的都城。城市布局更强调中轴线对称，并考虑到了选址的地形地貌特点。皇城外地区被方格网道路划分为50个坊，包含居住区、市场、衙署、寺庙等（图 2-11）。明代的北京城是在元大都的基础上建设的。宫城、皇城、内城、外城依次嵌套，其中的城门、宫殿建筑群、景山、钟鼓楼形成了一条长达 7.5 千米的城市中轴线，道路依然为方格网体系。清代北京城全面沿袭了明北京城，除对局部城墙、建筑进行修缮改造外，城市格局没有发生变化（图 2-12）。

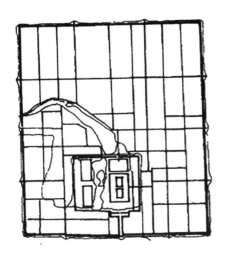

图 2-11　元大都布局图

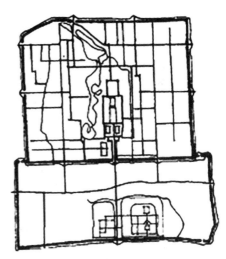

图 2-12　明清北京城布局图

　　中国古代文化中有大量关于城镇修建和房屋建造的理论知识和实践经验，但均散见于各类政治、伦理和经史书中，至今尚未发现有专门论述规划和城市建设的书籍。然而，留存下来的文献及城市遗址中显现出，我国古代已经形成了一套较为完备的城市规划体系，其中包括城市规划的基本理论、建设体制、规划制度和规划方法。在漫长的封建社会，这一体系不断得到补充，并经历了变革和发展，由此也造就了一批历史名城，如商都"殷"、西周洛邑、汉和隋唐的长安、宋代的东京和临安、元大都、明北京等。中国古代的城市规划主要受三种思想体系的影响。首先是儒家的社会等级和社会秩序思想，周礼体现在严谨的中轴线对称布局上。其次是以《管子》为代表的因地制宜理念，即充分考虑当地地质、地理、地貌特点进行规划建设。最后是天人合一的哲学思想，强调人与自然和谐共存的观念。中国古代的城市规划思想也影响了日本、朝鲜等东亚国家的城市建设实践。

二、中国近现代城市规划思想的发展

第一次世界大战以前，中国的城市功能结构简单，平面布局形式沿袭着封建社会的城制，建筑面貌也是中国传统的形式。鸦片战争失败后，中国的封建经济逐渐解体，形成了半殖民地半封建社会，城市也随之发生了形式和功能上的变化。一系列不平等条约的签订使中国的城市中出现了租界，如上海、天津等城市中有多国租界共存，各租界之间刻意形成阻隔，造成城市缺乏整体布局。还有一些被某一个帝国主义国家长期独占的城市，如大连、青岛、哈尔滨，它们的城市规划则较为完整。

我国的社会主义城市规划事业是在新中国成立以后全面展开的，经历了创建、徘徊停滞、发展和改革的过程。1949—1952 年的国民经济恢复时期主要进行了城市重建工作，从疏浚河流和下水道、清理垃圾等改善城市环境的工作开始，后逐渐扩展到整修、新建住宅等改善居住条件的工作，以及修建道路、供水设施等城市基础设施建设领域。同时，国家也着手组建了城市规划与建设管理部门，并讨论编制了城市规划相关的设计和管理文件。

从第一个国民经济五年计划（1953—1957 年）起，我国进入了大规模工业化建设时期，城市规划的主要任务是工业城市规划和重大项目选址。此时期，国家建立并健全了城市建设与管理机构，召开了全国第一次城市建设会议（1954 年）。会议上讨论了城市规划的相关法律文件，并于 1956 年颁布了《城市规划编制暂行办法》，这是新中国成立后第一部带有立法性质的城市规划文件。这一时期，城市规划被正式纳入国民经济发展计划中，计划经济体制下的城市规划模式得以初步确立，同时，中央和各省市也设置了相应的城市规划工作管理和设计机构。这一时期被称为我国城市规划的"第一个春天"。

新中国成立后到 1960 年的这段时间，城市规划作为国民经济发展计划在城市物质空间上的体现，在苏联专家的直接指导下全面开展。苏联的规划模式和建设经验为初创时期的中国现代城市规划奠定了重要基础。

"大跃进"时期和"文化大革命"十年是城市建设和城市规划工作陷入混乱、徘徊停滞的时期。"大跃进"期间片面强调工业发展，致使大量农村人口涌入城市，城市人口规模急剧膨胀，城市规划难以应对现实局面。另外，由于工业建设占用了

大量的建设用地和资金，城市的生活服务设施、基础设施、绿地等的建设被压缩，城市的生活质量下降了。"大跃进"时期，城市规模过大、建设指标过高成为普遍现象，造成了土地浪费。为了纠正"大跃进"造成的经济建设和城市建设的混乱局面，中共中央提出了"调整、巩固、充实、提高"的方针。但在 1960 年 11 月的全国第九次计划工作会议上又提出了"三年不搞城市规划"，这导致各地城市规划机构被撤销，城市建设失去了规划的指导，造成了难以弥补的损失。"文化大革命"时期，城市规划又一次受到了毁灭性的打击，城市建设基本处于停顿状态，城市基础设施、住房等出现严重不足和滞后的状况，影响了居民正常的生产和生活。

1976 年粉碎"四人帮"后，我国的城市建设和城市规划事业进入了发展和改革的阶段。1978—1986 年期间，我国迎来了"城市规划工作的第二个春天"。1978 年 3 月，国家召开了第三次全国城市工作会议，指出了城市在国民经济发展中的重要作用，强调要"认真抓好城市规划工作"。1979 年，国务院城市建设总局重新成立，一些主要城市的城市规划管理部门也相继恢复和成立。1980 年 10 月召开的全国城市规划工作会议正式恢复了城市规划的地位，提出了"控制大城市规模，合理发展中等城市，积极发展小城市"的城市发展方针。该会议促使我国在 20 世纪 80 年代初出现了以城市总体规划为主的城市规划编制工作的第一轮高潮。截至 1986 年底，全国 96% 的城市完成了总体规划的编制，与此同时，控制性详细规划的雏形也开始出现。在改革开放后大量城市规划实践的基础上，国务院于 1984 年正式颁布《城市规划条例》，这是新中国成立后颁布的第一个城市规划法规，从此，我国的城市规划和管理开始走上法制化的轨道。此后，各地方政府相继颁布了相应的条例、实施细则和管理办法，为城市的有序建设提供了有力的保障。

1986—1992 年期间，随着我国由计划经济向市场经济过渡，城市规划工作也面临新的挑战。许多城市前期编制的总体规划无法适应新形势，因此各地纷纷进行总体规划的修编和深化工作，规划内容从重视物质空间形态拓展到将其与经济和社会发展因素综合考虑。

1989 年末，全国人大常委会通过了《中华人民共和国城市规划法》，完整地提出了城市发展方针、城市规划的基本原则、城市规划制定和实施的体制，以及法律责任等。其中，"城市规划区""两证一书"等法律规定对城市的有序发展和建设起到了规范作用。《城市规划法》的颁布和实施有力地保障了城市规划在我国国民经济发展和城市建设中的重要地位和作用，标志着中国的城市规划正式步入了法制化的轨道。《城乡规划法》将这一时期的城市发展方针调整为："严格控制大城市规模，合理发展中等城市和小城市。"1991 年召开的全国城市规划工作会议也提出：城市规划不完全是国民经济计划的延续和具体化，城市作为经济和各项社会活动的载体，将逐渐向市场化的运作方式转变。

1992 年，中央提出了建立"社会主义市场经济"的目标，这一时期城市规划的数量和质量均有大幅度提高，但也面临着市场经济体制下城市规划应如何开展的新问题。"房地产热"和"开发区热"等问题引发了城市发展宏观失控现象，也对城市规划的任务和职能提出了新要求。为了扭转这种局面，全国开始推行控制性详细规划的编制和实践，这对房地产开发起到了一定的调控作用。1996 年 5 月，《国务院关于加强城市规划工作的通知》发布，提出了在社会主义市场经济条件下，国家给城市规划的新的定位。另外，此时期我国对国外城市规划关注的重点转向了欧美地区，引介了大量国外的理论和方法。

三、21世纪我国城市规划思想的发展

1. 城乡规划法

进入 21 世纪以来，我国城市规划体系不断完善。2006 年修订的《城市规划编制办法》强调："城市规划是政府调控城市空间资源、指导城乡发展与建设、维护社会公平、保障公共安全和公共利益的重要政策之一"，从而为城市规划的公共政策属性定下了基调。2007 年通过、2008 年开始施行的新版《城乡规划法》是新世纪我国城市规划领域的里程碑，进一步强调了城市规划的重要地位与作用，并与《历史文化名城和历史文化名镇名村保护条例》《风景名胜区条例》和《村庄和集镇规划建设管理条例》共同构成了城乡规划"一法三条例"的基本法律框架。

2. 城乡统筹与新型城镇化

2001 年，城镇化发展战略的实施推动了我国城镇化的发展进程。2002 年，中共十六大报告提出"走中国特色城镇化道路"。2003 年，十六届三中全会提出了"科学发展观"和"五个统筹"的指导思想。2006 年，十六届六中全会又通过了构建"和谐社会"的重大举措。国家"十一五"规划提出要"大中小城市和小城镇协调发展""逐步改变城乡二元结构"。2007 年，中共十七大再次明确了"走中国特色

城镇化道路"。这些宏观政策为城市和乡村规划提供了发展理念及指导方向。2011年，教育部在《学位授予和人才培养学科目录（2011年）》中将沿用多年的"城市规划"专业名称更改为"城乡规划学"，这标志着国家将城乡统筹发展的理念提升到了新的高度。

2013年，中共十八大强调了新型城镇化的特征，即以人为核心的城镇化，这标志着新型城镇化已经确定为今后城镇发展的新战略。新型城镇化是对过去"土地的城镇化"的粗放模式的改变，是要在产业支撑、人居环境、社会保障、生活方式等方面实现由"乡"到"城"的转变，中心是要解决人的城镇化问题，最终建设成格局优化、发展科学合理、生活环境和谐宜人、体制机制完善的美丽人居家园。

3. 海绵城市

低冲击开发（Low-Impact Development，简称 LID）是一种基于自然生态理念，采用分散的、小规模的源头控制机制和设计技术实现雨洪控制与利用的雨水管理方法。基于低冲击开发的城市规划设计有助于开发建设后的地区尽量接近开发前的自然水文循环状态。低冲击开发作为当前较为科学的城市雨洪管理方法，已经成为海绵城市的核心技术手段。2013年12月12日，习近平总书记在中央城镇化工作会议上的讲话中强调要"建设自然存积、自然渗透、自然净化的海绵城市"。2015年10月，国务院办公厅印发《关于推进海绵城市建设的指导意见》，部署推进海绵城市建设工作。建设海绵城市的根本目的是改变传统城市建设理念，实现城市与资源环境的协调发展，让城市"弹性适应"环境变化与自然灾害。通过海绵城市的建设，可以实现开发前后雨水径流量总量和峰值流量保持不变，在渗透、调节、储存等方法的作用下，径流峰值的出现时间也可以基本保持不变。

传统的市政建设模式认为，雨水排得越多、越快、越通畅越好，但这种"快排式"的排水模式没有考虑水的循环利用问题。海绵城市遵循"渗、滞、蓄、净、用、排"的六字方针，把雨水的渗透、滞留、集蓄、净化、循环使用和排水有机结合，统筹考虑内涝防治、径流污染控制、雨水资源化利用和水生态修复等多方面的目标。在具体技术方面，海绵城市理念主张优先利用植草沟、渗水砖、雨水花园、下沉式绿地等"绿色"措施来组织排水，实现城市地表水的年径流量大幅下降，同时，尽可能多地截留雨水，使自然降水、地表水和地下水形成系统，促进水资源的循环利用。

4. 城市街区制

2016 年 2 月 6 日，国务院在《关于进一步加强城市规划建设管理工作的若干意见》（以下简称《意见》）中提出："新建住宅要推广街区制，原则上不再建设封闭住宅小区。已建成的住宅小区和单位大院要逐步打开，实现内部道路公共化，解决交通路网布局问题，促进土地节约利用。树立'窄马路、密路网'的城市道路布局理念，建设快速路、主次干路和支路级配合理的道路网系统。"《意见》的提出引发了城市规划及相关领域的学术思考和辩论热潮，对是否应该推行街区制，学者们众说纷纭、褒贬不一。

街区制提出的背景是城市封闭小区规模过大，影响了城市道路交通体系的通畅。推行街区制的重点在于降低街区尺度，提高城市路网密度，解决城市交通问题。然而，城市是一个复杂的系统，街区制的实行也是一项复杂的工作，需要综合考虑城市不同地区的现实条件，分析既有住区和新建住区之间的关系，协调城市建设和管理的各个部门，以及制定具有创新性和实效性的规划措施和管理机制。同时，街区制的实行和推广并非简单的拆墙运动，更需深入研究其背后隐藏的内在影响因素，如我国的人地矛盾、城乡差距等现实国情，以及居民的文化素质、生活习惯、思想观念等因素。城市街区是人们生活的基本空间载体，其不同的尺度大小和空间组合方式表现出街区自身发展的内在规律和特征。在城市建设中，应充分认识到街区制在不同情况下的优劣势，结合现实条件，考虑不同地区的人群需求和复杂的经济、社会、文化因素，有选择地进行开放式街区的设计或改造。同时，城市建设应采取具有适应性的规划措施，统筹兼顾、循序渐进，避免粗放的建设模式。只有根据城市这一有机生命体的需求，制定符合其可持续发展目标的、具有实效性的策略，才能更好地应对社会发展对城市建设提出的要求。

第三节　城市规划思想的发展趋势

回顾中外城市规划的发展历史可以看到，城市规划已由狭义的蓝图式指导逐渐转变为内涵更丰富、多元的动态式指导，且其外延与城市诸多系统之间的联系更紧密了，关系更模糊了。城市规划的范畴也从设计本身扩展至公共政策，可以预见，未来的城市规划一定更具综合性、包容性，并且拥有更加完善的反馈机制以适应城市日新月异的发展变化。根据目前城市规划相关领域发生的一系列变革，以及全球范围内城市的发展现状，可以推测未来城市规划有以下几个主要趋势：

第一，城市规划对人文的再次关注。城市规划已经摒弃了单纯从物质层面对城市进行的认知态度，摒弃了单纯从物质层面对城市各指标的衡量。人的感受、参与、体验等被置于前所未有的高度，具体体现在人性化城市尺度的回归，以及对重塑城市活力的追寻，对就业、教育、休憩、交流等功能场所的重视。人的活动对城市规划的影响越来越受到关注，公众也开始参与城市的设计。这在专项城市规划中体现为更加注意防灾宣传、防灾教育、社区居民组织等非工程防灾手段的应用。

第二，绿色、生态是城市规划永恒的主题。广义地说，城市环境可视为与自然环境相对的区域。为了城市的可持续发展，为了适应不断恶化的全球气候、抵御多发的自然灾害，城市环境必须弱化与自然环境的对立关系，成为更加开放、包容的系统。城市规划可通过多层次的绿地建设、立体化的建筑绿化措施，以及各种被动式的节能环保技术，构建环境友好的城市基底。要实现这些，必须做到以下两点。一是回归，强调因地制宜，发展源于本土的空间形式、乡土建筑，用传统的方式达到对环境影响较小的城市建设效果。二是创新，通过科技研发更好地解决当前面临的问题，如采用生物技术、纳米技术降低城市建设对环境的影响。

第三，科技对城市规划的影响将会达到顶峰。大数据的应用使我们的城市已经进入了智慧城市的初级阶段。然而，目前大数据的搜集渠道仍然有很大局限，未来其使用范围将会更加广泛，可获得的数据也会数量更庞大，类型更丰富。科学的数据分析可能会帮助城市规划设计者做出更加理性的判断，以及处理一些涉及综合海量信息的问题。正如每个人的隐私正在消失，开放数据的趋势已不可阻挡。通过开放地图，世界上的每一个角落都清晰、全面地展现了出来。基于更加便捷和开放的公众参与系统，人人都可以对城市规划提出自己的建议并真正对其发展起到一定的作用。

第三章 | Chapter 3
城市规划的编制内容

城市规划分为总体规划和详细规划两个阶段。城市总体规划（master plan/comprehensive planning）是对一定时期内城市的性质、发展目标、发展规模、土地利用、空间布局以及各项建设的综合部署和实施措施。城市详细规划（detailed plan）是以城市总体规划为依据，对一定时期内城市局部地区的土地利用、空间环境和各项建设用地所做的具体安排。城市详细规划又分为控制性详细规划和修建性详细规划。控制性详细规划（regulatory plan）以城市总体规划为依据，确定建设地区的土地使用性质和使用强度的控制指标、道路和工程管线的控制性位置，以及空间环境控制的规划要求。修建性详细规划（site plan）是以城市总体规划或控制性详细规划为依据，制订用以指导各项建筑和工程设施的设计和施工的规划方案。

第一节 总体规划

城市总体规划是从宏观角度，以城市整体为研究对象，确定城市的发展目标、性质、规模和总体布局形式，统筹安排城市各项建设用地，合理配置城市各项基础设施，为城市制订出战略性的、能指导与控制城市发展和建设的蓝图。本质上，它是以空间部署为核心，为城市发展进行的战略安排。其重要作用是指导城市合理有序地发展。

城市人民政府负责组织编制城市总体规划，具体工作由城市人民政府城乡规划主管部门承担。总体规划的编制应遵循党和国家政策的要求，遵循城乡规划法、土地管理法、环境保护法等相关法规的要求，以全国城镇体系规划、省域城镇体系规划以及其他上层法定规划为依据，从区域经济社会发展的角度研究城市定位和发展战略。城市总体规划应与省市国民经济和社会发展规划、土地利用总体规划、环境保护规划等其他相关规划协调。总体规划要对城市的土地利用、人口分布、公共服务设施和基础设施的配置做出进一步的安排，并对下一步控制性详细规划的编制提出指导性要求。同时，总体规划还需与交通、防灾、基础设施等其他城市专业规划相协调。城市总体规划的期限一般为 20 年，可以在其中对城市远景发展的空间布局提出设想。

一、总体规划的规划范围

总体规划的规划范围涉及多个层次，包括市域、市区、规划区、中心城区和建成区。其中，市域、市区是从行政管辖范围上划分的，而规划区、中心城区、建成区是在规划建设层面上划分的。

市域包括市区及外围市（县）行政管辖的全部地域，市区则是城市政府直接管辖的范围，不包括外围市（县）。规划区是指城市、镇和村庄的建成区以及因城乡建设和发展需要必须实行规划控制的区域。城市规划区一般在市区范围内，即城市政府直接管辖的范围内。城市规划区也是实施规划管理，即发放"两证一书"的范围界限。规划区的具体范围需要基于城市的总体规划，根据城乡经济社会发展水平和统筹城乡发展的需要划定。是城市发展的核心地区，包括规划城市建设用地和近郊地区，是城市总体规划的重点范围。城市建成区是城市行政区内已成片开发建设的，市政公用设施和公共设施基本具备的地区，包括市区集中连片及分散在郊区的与城市有着密切联系的建设用地（如机场、铁路编组站、污水处理厂等）。

二、总体规划的工作阶段及相应内容

总体规划编制从工作阶段上可以分为总体规划编制的前期工作、总体规划纲要的编制和总体规划成果编制三个阶段。

总体规划编制的前期工作主要是进行基础资料的收集与调研，需要通过文献检索、访谈、现场踏勘等多种方法，全面掌握城市的区域、社会、经济、自然、历史等方面的情况。调查研究的成果最后形成城市基础资料汇编，包括城市现状图和一套完整的现状基础资料报告。

总体规划纲要是确定城市总体规划原则的纲领性文件，主要对规划中的重大问题进行研究，确定编制规划的原则、方向，以及规划框架的重要节点，防止和避免规划编制出现重大的方向性、原则性的失误和偏差。总体规划纲要经审批后，成为编制城市总体规划的依据。总体规划纲要成果包括纲要文本、说明、相应的图纸和研究报告。

城市总体规划的内容应当包括城市的发展布局、功能分区、用地布局、综合交通体系，以及禁止、限制、适宜建设的地域范围和各类专项规划等。城市总体规划的成果应当包括规划文本、图纸及附件（说明、研究报告和基础资料等）。在规划文本中应当明确表述规划的强制性内容。

城市总体规划的强制性内容包括：

① 城市规划区范围。

② 市域内应当控制开发的地域，主要包括基本农田保护区、风景名胜区、湿地和水源保护区等生态敏感区，以及地下矿产资源分布地区。

③ 城市建设用地，主要包括规划期限内城市建设用地的发展规模、土地使用强度管制区划和相应的控制指标（建设用地的面积、容积率、人口容量等）、城市各类绿地的具体布局、城市地下空间开发布局。

④ 城市基础设施和公共服务设施，主要包括城市干道系统网络、城市轨道交通网络、交通枢纽布局、城市水源地及其保护区范围等市政基础设施，以及文化、教育、卫生、体育等方面主要公共服务设施的布局。

⑤ 城市历史文化遗产保护，主要包括历史文化保护的具体控制指标和规定，以及历史文化街区、历史建筑、重要地下文物埋藏区的具体位置和界线。

⑥ 生态环境保护与建设目标，污染控制与治理措施。

⑦ 城市防灾工程，主要包括城市防洪标准、防洪堤走向、抗震与消防疏散通道、城市人防设施布局、地质灾害防护规定。

三、总体规划的编制层次及其内容

城市总体规划包括两个层面，即市域城镇体系规划和中心城区规划。另外，总体规划还应包括依照规定编制的近期建设规划和专项规划。大中城市根据需要，可以依法在总体规划的基础上组织编制分区规划。

1. 市域城镇体系规划

城镇体系是指一定地域范围内，以中心城市为核心，以广大乡村为基础，由一系列不同规模、不同职能、相互联系的城镇所组成的有机整体。

市域城镇体系规划应包括的内容如下：

① 提出市域的城乡统筹发展战略。对位于人口、经济、建设高度聚集的城镇密集地区的中心城市，应当根据需要，提出与相邻行政区域在空间发展布局、重大基础设施和公共服务设施建设、生态环境保护、城乡统筹发展等方面相协调的建议。

② 确定生态环境、土地和水资源、能源、自然和历史文化遗产等方面的保护与利用的综合目标和要求，提出空间管制原则和措施。

③ 预测市域总人口及城镇化水平，确定各城镇人口规模、职能分工、空间布局和建设标准。

④ 提出重点城镇的发展定位、用地规模和建设用地控制范围。

⑤ 确定市域交通发展策略，确定市域交通、通讯、能源、供水、排水、防洪、垃圾处理等重要基础设施、社会服务设施、危险品生产储存设施的布局。

⑥ 根据城市建设、发展和资源管理的需要划定城市规划区。城市规划区的范围应当位于城市的行政管辖范围内。

⑦ 提出实施规划的措施和建议。

2. 中心城区规划

中心城区是城市发展的核心地域，中心城区规划的编制要从城市整体发展的角度出发，在综合确定城市发展目标和发展战略的基础上，统筹安排城市各项建设。中心城区规划应包括的内容如下：

① 分析确定城市的性质、职能和发展目标。

② 预测城市人口规模。

③ 划定禁建区、限建区、适建区和已建区，并制定空间管制措施。

④ 确定村镇发展与控制的原则和措施，确定需要发展、限制发展和不再保留的村庄，提出村镇建设控制标准。

⑤ 安排建设用地、农业用地、生态用地和其他用地。

⑥ 研究中心城区空间增长边界，确定建设用地规模，划定建设用地范围。

⑦ 确定建设用地的空间布局，提出土地使用强度管制区划和相应的控制指标

（建筑密度、建筑高度、容积率、人口容量等）。

⑧ 确定市级和区级中心的位置和规模，提出主要公共服务设施的布局。

⑨ 确定交通发展战略和城市公共交通总体布局，落实公交优先政策，确定主要对外交通设施和主要道路交通设施布局。

⑩ 确定绿地系统的发展目标及总体布局，划定各种功能绿地的保护范围（绿线），划定河湖水面的保护范围（蓝线），确定岸线使用原则。

⑪ 确定历史文化保护及地方传统特色保护的内容和要求，划定历史文化街区、历史建筑保护范围（紫线），确定各级文物保护单位的工作范围，研究确定特色风貌保护重点区域及保护措施。

⑫ 研究住房需求，确定住房政策、建设标准和居住用地布局，重点确定用于建设经济适用房、普通商品住房等满足中低收入人群住房需求的居住用地的布局及标准。

⑬ 确定电信、供水、排水、供电、燃气、供热、环卫等系统的发展目标及重大设施的总体布局。

⑭ 确定生态环境保护与建设目标，提出污染控制与治理措施。

⑮ 确定综合防灾与公共安全保障体系，提出防洪、消防、人防、抗震、地质灾害防护等工作的规划原则和建设方针。

⑯ 划定旧区范围，确定旧区有机更新的原则和方法，提出改善旧区生产、生活环境的标准和要求。

⑰ 提出地下空间开发利用的原则和建设方针。

⑱ 确定空间发展时序，提出规划实施的步骤、措施和政策建议。

3. 近期建设规划

近期建设规划是城市总体规划中对短期内建设目标、发展布局和主要建设项目的实施所做的安排，对指导当前各项建设具有重要的意义。近期建设规划的规划期限为 5 年。近期建设规划到期时，应当依据城市总体规划组织编制新的近期建设规划。近期建设规划的成果应当包括规划文本、图纸及相应说明的附件。近期建设规划应包括的内容如下：

① 确定近期人口和建设用地规模，确定近期建设用地范围和布局。

② 确定近期交通发展策略，确定主要对外交通设施和主要道路交通设施布局。

③ 确定各项基础设施、公共服务和公益设施的建设规模和选址。

④ 确定近期居住用地的安排和布局。

⑤ 确定历史文化名城、历史文化街区、风景名胜区等的保护措施，城市河湖水系、绿地、环境等的保护、整治和建设措施。

⑥ 确定控制和引导城市近期发展的原则和措施。

4. 专项规划

城市总体规划中应当明确综合交通、环境保护、商业网点、医疗卫生、绿地系统、河湖水系、历史文化名城保护、地下空间、基础设施、综合防灾等专项规划的原则。

5. 城市分区规划

城市分区规划是在城市总体规划的基础上，对局部地区的土地利用、人口分布、公共设施和基础设施的配置等方面所做的进一步安排。分区规划应当综合考虑城市总体规划确定的城市布局、片区特征、河流道路等自然和人工界限，结合城市行政区划，划定分区的范围界限。分区规划的成果应当包括规划文本、图件，以及相应说明的附件。分区规划应当包括下列内容：

① 确定分区的空间布局、功能划分、土地使用性质和居住人口分布。

② 确定绿地系统、河湖水面、供电高压线走廊、对外交通设施的用地界线和风景名胜区、文物古迹、历史文化街区的保护范围，提出空间形态的保护要求。

③ 确定市、区、居住区级公共服务设施的分布、用地范围和控制原则。

④ 确定主要市政公用设施的位置、控制范围和工程干管的线路位置、管径，进行管线综合。

⑤ 确定城市干道的红线位置、断面、控制点坐标和标高，确定支路的走向、宽度，确定主要交叉口、广场、公交站场、交通枢纽等交通设施的位置和规模，确定轨道交通线路走向及控制范围，确定主要停车场规模与布局。

四、多规合一与国土空间规划

针对我国规划体系庞杂，各类规划自成系统、内容冲突、缺乏衔接与协调等问题，"多规合一"的政策逐渐形成。2014 年 3 月，《国家新型城镇化规划（2014—2020）》明确提出"推动有条件地区的经济社会发展总体规划、城市规划、土地利用规划等'多规合一'"。2014 年 8 月，由国家发改委、国土资源部、环保部和住建部四部委联合下发的《关于开展市县"多规合一"试点工作的通知》确定了 28 个试点市县。

2015 年 9 月，中共中央、国务院印发了《生态文明体制改革总体方案》，首次明确提出要整合目前各部门分头编制的各类空间性规划，进行统一编制，实现规划全覆盖。2019 年 5 月底，《关于建立国土空间规划体系并监督实施的若干意见》发布，标志着国土空间规划编制全面启动，主体功能区规划、土地利用规划、城乡规划等空间规划将融合为统一的国土空间规划，实现"多规合一"。依法批准的国土空间规划是各类开发建设活动的基本依据，已经编制国土空间规划的，不再编制土地利用总体规划和城市总体规划。

第二节　详细规划

一、控制性详细规划

控制性详细规划以城市总体规划为依据，以土地使用控制为重点，详细规定建设用地的性质和使用强度指标、道路和工程管线的位置以及空间环境规划要求。针对不同地块、不同建设项目和不同开发过程，应采用指标量化、条文规定、图则标定等方式对各控制要素进行定性、定量、定位和定界的控制和引导。控制性详细规划强调规划设计与管理和开发相衔接，是规划管理的依据。

控制性详细规划的核心价值在于承上启下，它主要通过确定指标的方式，将总体规划宏观的原则和意图落实在具体建设用地上，最大限度地实现了总体规划的操作可控性，便于指导下一步修建性详细规划对地块的具体设计，也有助于规划编制与建设管理及土地开发建设相衔接。经过审批的控制性详细规划是政府实施规划管理的核心层次和最主要的依据。它作为土地批租、出让的依据，通过对开发建设的控制引导，使土地开发的综合效益最大化，实现社会效益、经济效益和环境效益的统一。

1. 控制性详细规划的编制内容

控制性详细规划应当包括下列内容：

① 确定规划范围内不同性质用地的界线，确定各类用地内适建、不适建或者有条件地允许建设的建筑类型。

② 确定各地块建筑高度、建筑密度、容积率、绿地率等控制指标，确定公共设施配套要求、交通出入口方位、停车泊位、建筑后退红线距离等要求。

③ 提出各地块的建筑体量、体型、色彩等城市设计指导原则。

④ 根据交通需求分析，确定地块出入口位置、停车泊位、公共交通场站用地范围和站点位置、步行交通及其他交通设施，规定各级道路的红线、断面、交叉口形式及渠化措施、控制点坐标和标高。

⑤ 根据规划建设容量，确定市政工程管线的位置和管径、工程设施的用地界线，进行管线综合，确定地下空间开发利用的具体要求。

⑥ 制定相应的土地使用与建筑管理规定。

控制性详细规划确定的各地块的主要用途、建筑密度、建筑高度、容积率、绿地率、基础设施和公共服务设施配套建设的相关规定应当作为强制性内容推行。

2. 控制性详细规划的控制要素

控制性详细规划对规划项目的控制主要可分为 6 个方面：土地使用、环境容量、建筑建造、城市设计引导、配套设置和行为活动。对某一地块，应视具体情况选取 6 个方面的部分或全部内容进行控制。控制性详细规划主要通过制定指标来发挥作用，上述 6 个方面落实为具体的控制指标可分为控制性指标和引导性指标两类，共 13 小项。

（1）控制性指标

控制性指标是必须遵照执行、不能更改的指标，包括：用地性质、用地面积、建筑密度、建筑限高、建筑后退红线、容积率、绿地率、交通出入口方位、停车泊位及其他公共设施。

① 用地性质，即城市规划区内各类用地的使用用途，包括土地实际的使用用途（如绿地、广场）和土地上面附属建筑物的使用用途（如居住用地）两方面含义，大多数用地性质由土地上附属建筑物的用途决定。用地性质应根据总体规划等上位规划对城市功能的定位，参照国家标准（《城市用地分类与规划建设用地标准》GB 50137—2011）来确定。

② 用地面积，即建设用地面积，指由城市规划行政部门确定的建设用地边界线

所围合成的区域的水平投影面积。建设用地往往由道路、河流、行政边界和各种规划控制线围合而成，是控制性详细规划中各项控制性指标计算的基础。用地面积应根据用地性质，结合实际使用情况确定。

③ 建筑密度，即规划地块内各类建筑基底面积占该地块用地面积的比例，该指标反映的是地块内的建筑密集程度。控制性详细规划应控制该指标的上限，目的是使规划地块保持合理的密集程度，避免过度拥挤，并保证足够的日照、空气、绿地和防火间距。

建筑密度 =（规划地块内各类建筑基底面积之和 ÷ 用地面积）× 100%

④ 建筑限高，一般指建筑物室外地面到檐口（平屋顶）或屋面面层（坡屋顶）的高度。控制性详细规划一般控制该指标的上限，使建筑布局符合日照、卫生、消防和防震抗灾等的要求，符合用地的使用性质、建筑地基及建造水平的要求，符合城市景观要求，符合历史保护建筑和保护区、机场净空、高压线和无线通信通道等的控制要求，在坡度较大的地区还要考虑不同坡向对建筑高度的影响。

⑤ 建筑后退红线，即建筑物相对于规划地块边界和各种规划控制线的后退距离。控制性详细规划一般控制该指标的下限，以保证建筑物之间的安全距离和救灾疏散通道，保证预留出必要的人行活动空间、交通空间、工程管线布置空间和建设缓冲空间，形成良好的城市空间和景观环境。

⑥ 容积率，即地块内所有建筑物总建筑面积之和与地块用地面积的比值，是衡量土地使用强度的一项指标。容积率的确定要综合考虑地块区位、用地性质、基础设施条件、交通情况、人口容量、空间环境等方面。容积率指标一般需控制上限或给定一个上下限区间，指标的下限是为了保证土地使用的效益，避免造成浪费；上限是为了防止地块过度开发，避免土地使用强度过高而造成城市基础设施超负荷运转及环境质量下降等。

容积率 = 总建筑面积 ÷ 用地面积

⑦ 绿地率，即规划地块内各类绿化用地面积总和与用地面积的比例，是衡量地块环境质量的重要指标。控制性详细规划一般控制其下限，以保证城市必要的绿化与开放空间，达到改善气候环境、美化城市风貌、防灾安全隔离和为人们提供休憩与交流场所的目的。

绿地率 =（绿化用地总面积 ÷ 用地面积）× 100%

⑧ 交通出入口方位，即规划地块内允许设置出入口的方向和位置，包括机动车出入口方位、禁止机动车开口路段、主要人流出入口方位。

⑨ 停车泊位，即地块内应配置的停车车位数，通常以下限控制。

⑩ 其他公共设施的控制性指标，指对地块内公共设施配套和市政公用设施配套提出定量配置要求。公共设施配套包括文化、教育、体育、公共卫生、商业、服务业等领域的生产生活服务设施，市政公用设施包括中小学校、体育馆场、托儿所、幼儿园、医院、卫生院、派出所、居委会、文体活动中心、消防队房舍、石油气站、污水处理站、垃圾转运站、市场及各种市政管线设施等。公共设施配置的控制指标应依据国家和地方规范（标准）及地块开发具体要求确定。

（2）引导性指标

引导性指标是参照执行的指标，并不具有强制约束力，主要包括对人口容量（居住人口密度）和建筑的形式、风格、体量、色彩的要求，以及其他环境要求。

① 人口容量（居住人口密度），即规划地块内每公顷用地的居住人口数。控制性详细规划一般控制其上限，通常根据城市人口密度分区给出每个地块的建议值。

居住人口密度 =（地块内的总人口数 ÷ 地块的面积）× 100%

② 建筑的形式、风格、体量和色彩。对建筑形式和风格的要求应基于城市整体或片区范围的协调性，并结合项目特色及具体地块的环境风貌。对建筑体量的控制需要综合考虑其对日照、通风等环境因素及城市风貌塑造的影响，通常从建筑竖向尺度、建筑横向尺度和建筑形体三方面提出控制引导要求，规定指标的上限。建筑色彩通常会从色调、明度和彩度上提出控制引导要求，并给出建议的色谱。

③ 其他环境要求包括环境保护、污染控制、景观要求等方面的引导性指标，可根据现状条件、规划要求、各地情况因地制宜地设置。

3. 控制性详细规划的编制程序及成果要求

编制控制性详细规划，首先必须由控制性详细规划的组织编制主体，即城市人民政府城乡规划主管部门（规划局）编制任务书。任务书一般包括受托编制方的技术力量要求和资格审查要求，规划项目的相关背景情况、规划依据、规划意图、规划时限要求，以及评审方式和参与规划设计项目单位所获设计费用等事项。同时，组织编制主体需选择确定规划编制的主体，如规划设计单位、研究机构等。编制工作一般分为项目准备、现场踏勘、资料收集、方案设计、成果编制、上报审批五个阶段。

控制性详细规划的成果应当包括规划的文本、图件和附件。文本要说明编制规划的目的、依据、原则、使用范围、主管部门和管理权限。图件由图纸和图则两部分组成，具体包括规划用地位置图（区位图）、规划用地现状图、土地使用规划图、道路交通及竖向规划图、公共服务设施规划图、工程管线规划图、环卫环保规划图、地下空间利用规划图、五线规划图、空间形态示意图、城市设计概念图、地块划分编号图、地块控制图则等内容。附件包括规划说明、基础资料和研究报告，其中规划说明是编制规划文本的技术支撑，主要内容是分析现状、论证规划意图、解释规划文本，为修建性详细规划的编制以及规划审批和管理实施提供全面的技术依据。

4. 控制性详细规划的新发展方向

在实际的城市建设中，控制性详细规划不仅需要严格执行其指标体系中的规定，也要结合项目建设特征保留适度的弹性。规划单元开发（PUD, planned unit development）模式是当前较为有效的规划措施，可以更加灵活地应对城市建设和市场的需求。规划单元开发是指在一个开发单元的地块内，土地开发强度和用途都可以不同，整个场地规划作为一个整体进行审批。例如，我国天津市提出"一控规两导则"实施管理模式，"一控规"即控制性详细规划，"两导则"即土地细分导则和城市设计导则（图3-1）。该规划将中心城区334平方公里的土地划分为176个控规编制单元，明确单元控规成果内容，对用地功能和指标进行控制，强调土地的兼容性和用地布局，将规划控制指标由具体地块平衡转化为规划单元整体平衡。同时，通过增加专项规划编制深度，将专项规划要求内容落实到控制性详细规划中，适度减少控规编制内容，增强了控规的弹性和适应性，从而有效落实了城市设计的意图，取得了较好的实际效果。此外，容积率奖励措施也是控制性详细规划中可以采用的方式，比如，开发商如愿意投资新建一些公共空间，可以允许其增加写字楼的高度。随着时代的发展，城市规划领域将会发展出更加创新的内容。未来我国的控制性详细规划编制将更加注重对规划单元和要素的控制，以及适度弹性原则。同时，也将进一步倡导公众参与，在规划编制和管理中采取数字化模型，实施信息化管理，提升规划编制的合理性。

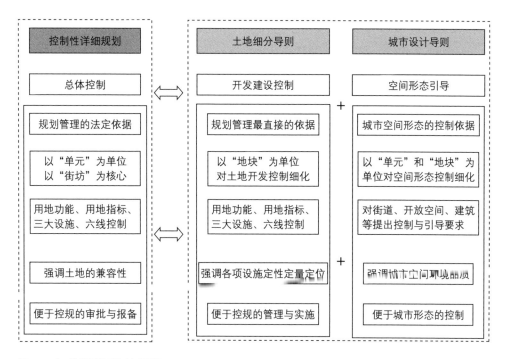

图 3-1　"一控规两导则"关系图解

二、修建性详细规划

修建性详细规划是以城市总体规划或控制性详细规划为依据，制订用以指导建筑和工程设施的设计和施工的规划设计。该规划以准备实施开发建设的具体地块为对象，按照建设项目要求，对建筑物的用途、面积、体形、外观形象，以及各级道路、广场、公园和市政基础设施等进行统一的空间布局。

修建性详细规划可以由有关单位依据控制性详细规划及建设主管部门（城乡规划主管部门）提出的规划条件，委托城市规划编制单位编制。

修建性详细规划应当包括下列内容：

① 建设条件分析及综合技术经济论证。

② 建筑、道路和绿地等的空间布局和景观规划设计，布置总平面图。

③ 对住宅、医院、学校和幼儿园、托儿所等建筑进行日照分析。

④ 根据交通影响分析，提出交通组织和设计方案。

⑤ 市政工程管线规划设计和管线综合。

⑥ 竖向规划设计。

⑦ 估算工程量、拆迁量和总造价，分析投资效益。

修建性详细规划的成果应当包括规划说明书、图纸。

城市总体布局与城市用地

第一节　城市总体布局

城市总体布局是城市总体规划的主要内容，是运用城市空间语言对城市历史与现状进行统筹安排，并在宏观层面上落实城市经济、社会、环境等方面的规划目标和规划任务。城市总体布局对城市具有重大意义，城市的主要结构和布局一旦形成难以改变，如果改变则需要付出极大的代价。因此，城市总体布局是一项为城市长远、合理发展奠定基础的全局性工作，应根据城市发展纲要，综合考虑城市在区域中所处的地位及与周边城镇的相互关系，在城市用地评定的基础上，将城市各项用地按照功能要求、发展序列等进行有机组合，统筹兼顾、合理安排城市各组成部分。

确定城市总体布局，需研究形成城市空间形态的历史发展动态过程及其主要影响因素，分析城市现状形态布局的利弊。规划者应基于城市的实际情况，因地制宜地提出城市发展形态的基本方向，同时，运用系统性和动态性思维对城市未来发展的预测性战略方案做出比较和评价，提出科学的城市总体布局最终方案。

现代城市是一个极其复杂的系统，也是更大地域范围内的一个子系统。城市规划的编制是根据城市在区域范围内的地位和作用，对组成城市的众多要素进行组合或调整，以求得最合理的城市结构和外部联系。

一、城市总体布局的影响因素

城市总体布局的影响因素包括自然因素和非自然因素。自然因素指城市所处地区的自然条件，包括气候条件、地理区位、地形地貌、地质条件、矿产分布、植被水体等条件。气候条件是影响总体布局的基本要素，进行城市布局需要考虑该城市所处的气候分区（图4-1），制定合理的通风采光策略，以对抗冬季的严寒和夏季的热岛效应。另外，还应有效结合各个城市不同的自然要素形成具有地域特征的布局结构，如山区城市应重点考虑与地形地貌的有机结合，展现山地城市的独特风貌；水网密布的城市则应考虑自然河流、湖泊的保护利用，形成具有特色的城市滨水空间。自然山体和河流众多的城市往往呈现分散的布局形态，城市用地常常被山体、河流分割，形成多个大小不等、相对独立的组团或片区。例如，重庆市被嘉陵江和长江分为渝中区、南岸区、江北区三大片区；张家界沿澧水河呈带形布局，分为六个城市组团。非自然因素主要包括区域条件、城市性质、交通体系等内容，对城市总体布局的影响也越来越大，尤其是国家宏观战略对城市发展带来了很大的机遇。例如，一带一路、京津冀协同发展、长江经济带建设等发展战略对沿线城市的区域条件和城市性质带来的变化，深刻影响了部分城市的发展方向和总体布局。

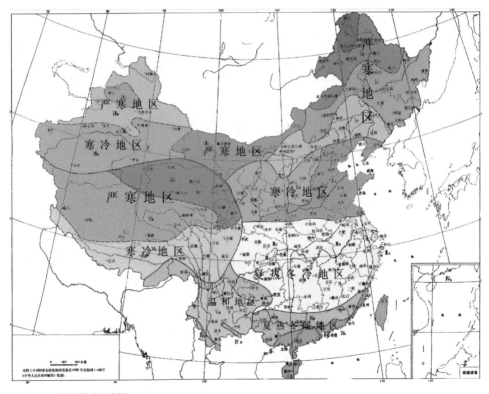

图4-1　中国建筑气候区划图

二、城市总体布局的构成要素

城市总体布局的构成要素主要包括城市道路交通系统、城市用地布局以及城市开放空间系统，各要素间通过协调，形成了城市的整体框架。

首先，城市道路交通系统是联系和划分城市地块的骨架，交通网络的结构形式是构成城市整体形态的基础。方格网式道路和放射式道路所构成的城市空间存在着巨大差异。道路交通系统提供各种地上和地下交通工具行进的空间及各种基础设施的埋设空间，同时为建筑物的采光、通风等提供了必不可少的条件。

其次，城市用地布局是对城市功能的统筹安排。城市用地提供了各类建筑物、构筑物坐落的空间，从而实现其对使用者活动的支持。一定规模相同或相似功能类型的用地集合在一起就形成了城市中的功能分区，而具有相同或相似土地利用密度的地区（如独立式住宅区、高层建筑密集地区）可看作构成城市的基本要素。

城市开放空间系统是城市用地的重要组成部分，主要由公园、绿地、广场等自然景观要素构成，具有改善城市生态环境、提高生活品质、延续地域文化属性的重要作用。其中，自然生态功能是其基础职能，开放空间是改善城市密集形态、为城市提供开敞地带和休憩空间的重要因素。同时，城市开放空间系统还具有保护自然遗留地、调节气候、净化水土、改善污染环境、防灾疏散等重要作用。

三、城市总体布局的形态类型

从空间形态的角度，可将城市总体布局大致分为集中型、带型、放射型、星座型、组团型、散点型六大主要类型。

集中型是城市基本形态中最常见的一种，指城市建成区主体轮廓长短轴之比小于4∶1。集中型布局的城市往往以类似同心圆的形式向四周扩延，它包括若干子类型，如方形、圆形、扇形。这类城市的主要城市活动中心多处于平面几何中心附近，属于一元化的城市规划格局。集中型的城市形态比较规整，市内道路多为格网状，易于布置各种建筑，方便集中设置市政基础设施、合理有效利用土地，也有助于组织市内交通系统。该布局形态的城市通常形成于没有外围限制条件的平原地区。集中型布局适用于人口和建成区用地规模在一定时期内比较稳定的情况，若人口不断增多、城市用地范围不断扩展，或者遇到有些特大城市不断自城区向外连续分层扩展（俗称摊大饼式蔓延）的情况，则会造成交通拥塞不畅、环境质量不佳等一系列难以解决的城市问题，如北京、成都等。

带型城市往往是限于自然山体地形而形成的狭长城市地域，一般建成区主体平面形状长短轴之比大于 4 ∶ 1，并明显呈单向或双向发展，其子类型有 U 型、S 型等。带型城市的形成有几种可能：受地形等自然条件限制（如处于山谷狭长地带、沿湖海水面的一侧或江河两岸延伸）、沿铁路或公路等交通线延伸发展、根据"带型城市"理论实施既定规划建造。带型城市的规模不会很大，整体上看，城市各部分均能接近周围的自然生态环境，空间形态的平面布局和交通流向组织比较单一，除了一个全市主要活动中心外，往往还需要形成分区次的中心，从而呈多元化规划结构。典型的带型城市如兰州、张家界等。环状城市是带型城市的一种特殊形式，可看作由带状城市首尾相连发展而来。环状城市一般围绕湖泊、山体、农田等核心要素呈环形发展，城市自然景观和生态环境条件较好，且由于构成了环形的封闭系统，各功能区之间联系更加方便，如新加坡等。

放射型城市建成区总平面的主体团块上有三个以上明确的发展方向，其子类型包括指状、星状、花状等。放射型城市往往是沿多个轴线向外延伸，轴线可能是交通线或规划的廊道等。由于各放射轴之间保留了大量的非建设用地，城市和郊外接触面相对较大，环境质量亦可保持较好水平。放射型城市往往在地形平坦、对外交通便利的平原地区形成，放射型的道路易于组织城市轴线和景观系统，如巴黎、哥本哈根等。

星座型城市的总平面是由一个相当大规模的主体团块和三个以上次一级的基本团块组成的复合式形态。国家首都或特大型地区中心城市往往为星座型布局，为了扩散功能而设置若干副中心或分区中心，形成若干相对独立的新区或卫星城镇，如伦敦、上海等。

组团型城市的建成区由两个以上相对独立的主体团块和若干个基本团块组成。其多受自然条件影响而形成，各组团相对独立并由便捷的交通联系在一起，如重庆。

散点型城市没有明确的主体团块，通常由多个级别的团块组成并在较大区域内呈散点状分布，其形成原因包括：城市矿产资源较分散、城市处于地形复杂的山地或丘陵，以及该城市拥有特殊的历史或行政体制，如大庆。由于组团间联系不便，散点型城市应因地制宜对每一组团进行合理布局。

第二节　城市用地选择

城市用地是城市规划区范围内被赋予一定用途与功能的土地的统称，是用于城市建设，满足城市机能运转所需要的空间。通常所说的城市用地，既指已经建设利用的土地，如居住用地、工业用地，也包括已列入城市规划区范围内待开发建设的土地，如农田、林地、山地、水面。

一、城市用地评定

城市文明的物质生活通过城市用地体现出来，城市用地承载的各种类型的城市空间及其中的活动共同构成了多姿多彩的城市生活。城市用地基于当地的自然环境，自古以来，建城大都避害趋利，选择山环水足、自然条件良好的地方，也就是自然环境阻力最小的地方，以保障城市的发展与营运。自然条件的变化可以使城市兴起，也可造成城市的衰落，影响着城市的空间形态及形象特征，同时对城市的工程建设、经济发展等多方面有直接的影响。因此，在选择城市用地前，要对用地的自然条件进行评定，并据此判断某用地是否适宜进行建设，以及适宜以何种形式开发。

1. 影响城市用地评定的自然因素

（1）地质条件

稳定、安全、适宜的地质条件是城市生态环境存在和稳定的基本因素，是城市建设的基础。城市的各项工程建设都由地基承载，而土与石不同的构成成分和状态使自然地基的承载力表现出很大差异。有些地基土会在一定条件下改变其物理性状，如湿陷性黄土在受湿后会因结构变化而下陷，导致建筑的损坏。进行城市规划应避免使用不适宜的地基土作为建筑物地基，但可采取防湿或水土保持等措施来减少其影响。根据地质勘探的结果，某些不适宜进行地上建筑建设的地区可以考虑其他建设内容，如具有可溶性岩石（如石灰岩、盐岩、石膏）的地质构造地区较易形成地下溶洞，可以考虑作为城市人防、地下活动或储存的场所。城市规划应根据各种建筑物或构筑物对地基的不同要求，对城市用地做出合理的安排。

另外，在进行用地评定时，还需了解该用地是否具有潜在的地质灾害风险，如滑坡、崩塌、冲沟、地震等。滑坡是斜坡上的岩土体在重力作用下整体向下滑动的地质现象。崩塌是陡峭斜坡上的岩土体突然崩落、滚动并堆积在山坡下的地质现象。两者常相伴而生，会对工程建设造成破坏。在选择建设用地时应避免不稳定的坡面，在规划用地时应确定滑坡地带与稳定用地边界的距离。在必须选择有滑坡可能的用地时，可以采取一些相应的工程措施，如减少地下水或地表水的影响、避免切坡、保护坡脚等。冲沟是间断的流水在地表冲刷形成的沟槽。冲沟会切割用地，破坏用地的完整性。在选择用地时，应分析冲沟的分布、坡度、活动与否，并弄清冲沟的发育条件，从而采取相应的治理措施，如对地表水进行导流、绿化、修筑护坡工程、防止沟壁水土流失等。地震是城市规划中需要考虑的重要问题之一。建设地区的地震烈度是制定各项建设工程的设防标准的依据。规划时应避免在强震区建设城市，地震烈度在9度以上的地区不宜选作城市用地，建筑布置应避开地震断裂带以减少震时的破坏。城市规划的方案应预留出适宜的避难空间、避难通道，以满足救灾和疏散的需要。通信、消防、公安、救护等机构不仅应有较高的设防标准，还须置于适宜的位置。另外，还应保证灾时对外交通联系畅通，供水、供电、道路等公用设施也须有相应的安全措施，如采用多水源、多电源、多线路、多套管网的规划方案。建筑也应按照抗震标准选用适宜的建造方式和材料。

（2）水文及水文地质条件

水文指自然界中水的变化、运动等各种现象。水体是重要的城市构成要素，它为城市提供水源和水运交通，在城市景观塑造方面具有重要意义，同时，还可改善城市环境和气候、提供城市休憩娱乐空间等。然而，在利用水体的同时，也要注意规避某些水文条件带来的不良影响，如洪水侵患、年水量不均匀、流速变化、水流对河岸的冲刷及河床泥沙的淤积等。为避免洪水灾害的影响，应尽量利用高亢地形，避免在洼地、滞洪区等位置进行建设。进行城市规划时，应按照洪水发生的频率合理利用岸线，洪水淹没区范围内禁止建设长期使用的建筑，但可适当建设亲水平台，平时用作休憩的公共空间，洪水来时淹没而不至对城市产生影响，但要注意应采取一定的防护措施。另外，城市建设可能对原有水系产生影响，过量地取水、排水、改变水道和断面等都能导致水文条件的变化。

水文地质条件即地下水的存在形式，具体包括地下水的含水层厚度、矿化度、硬度、水温以及动态等。水文地质条件对城市选址、确定工业建设项目和城市规模等都具有重要影响。

（3）气候条件

气候条件对城市规划与建设有着多方面的影响，主要因素包括太阳辐射、风象、温度、湿度、降水等。

太阳辐射的强度与日照率在不同纬度和不同地区存在着差别。太阳辐射情况是确定建筑的日照标准、间距、朝向、遮阳设施以及各项工程的热工设计等的依据，与城市建筑群体的布置也有一定关系。如我国北方地区的住宅建筑为争取较长的日照时间，常采用南北向布局，并且尽量避免西晒对室内环境产生的不良影响。

风以风向和风速两个量来表示。风向一般是在累计某一时期中（如一月、一季、一年或多年）各个方位风向的次数后，以各个风向次数所占该时期不同风向的总次数的百分比值（即风向的频率）来表示。同样，根据每个风向的风速累计平均值，可绘制成风速图。城市盛行风向通常根据不同风向的最大频率来确定。风象资料对城市用地布局有重要作用，如产生污染的工业用地就应布置在盛行风向的下风向。

影响城市规划的温度因素包括平均温度、日温差、年温差等。温度会影响城市的整体布局，如严寒地区应避免北风贯穿街道，采用利于保温和抵挡寒风的建筑组合形式；温度较高的地区可考虑建设通风廊道、遮阴构筑物或布置遮阴植被等。另外，城市中心区等高密度区域容易形成热岛效应，应通过建设开放空间进行疏解，达到调节微气候的作用。

湿度对建筑的布局形式、内部空间、建造工艺等都会产生影响，湿热地区需要着重考虑建筑的通风功能。降水强度和雨量对城市基础设施有重要影响，决定着基础设施的分布密度、容量、形式等。同时，降水情况对海绵城市构建要素的选用及布局也起着决定性作用。

（4）地形条件

地形大体可分为山地、丘陵与平原三类。在较小的地区范围，地形还可以进一步划分为山谷、山坡、冲沟、盆地、谷道、河漫滩、阶地等多种形态。城市用地有时是十分平坦而简单的地形，有时则是多种地形的组合。

对地形条件的分析一般包括坡度、高差、坡向等方面。地形坡度对用地性质的选择，以及排水、防洪等设施的布局均有影响。在平原上进行建设受地形限制较少，在山地、丘陵等地带进行建设则要充分利用地形高差，尽量减少土方量。坡向对用地选择也有影响，应尽量选择南向坡布置居住用地。规划中要充分利用地形，选择合适的用地及建筑形式等，减少人工建设对自然地形的影响，这不仅有利于塑造结合自然的城市景观，同时对城市的整体生态环境有着重要意义。

2. 城市用地的适用性评定

城市用地的适用性评定是城市用地选择的科学依据，是进行城市用地布局前的重要准备工作。选择什么样的地段进行建设既有利于城市的安全、便捷、舒适，又有利于保护自然生态环境和自然资源是城市规划首先要考虑的问题。

在确定城市发展方向，选择城市建设用地之前，首先要对可能成为未来城市建设用地的地区进行评价。该评价主要是根据生态系统需求、城市规划与建设需要，对土地进行使用功能、工程适宜程度，以及城市建设的经济性和可行性的评估。用地评定具有两个层面的意义，一是区分适宜与不适宜城市建设的用地，二是将用地进行分类，为用地选择提供依据。不适宜城市建设的用地包括用地条件极差，必须施以特殊工程技术措施后才能用于建设的用地，以及生态环境应受到保护不宜开发的用地（生态敏感地区）。规划时，应从建设和生态保护两个角度同时考虑。从适用性角度考虑，可将城市用地划分为三类：一类用地，指用地的自然环境条件比较优越，能适应各项城市设施的建设需要，一般不需或只需稍加工程措施即可用于建设的用地。二类用地，指需要采取一定的工程措施，改善条件后才能修建的用地。该类用地对城市设施或工程项目的分布有一定的限制。三类用地，指不适于修建的用地。

用地评定的成果包括图纸和文字说明。用地评定图可以按照用地的具体情况分别标出各项分析与评定的内容，如地下水深线、洪水淹没线、地形坡度、地基承载力等，并经过综合评价对用地加以分类，划定不同类别用地的范围。在对城市用地的适用性进行评定后，需依据评定成果，按照城市规划布局与建设的要求，综合考虑社会、经济、文化、环境等多方面的情况，对用地进行鉴别和选定，以确定规划期限内城市的明确边界。

二、城市用地分类

对城市用地进行分类的目的是使城市用地具有统一的法定划分方法与名称，从而实现更加规范化、标准化的管理。合理的城市用地分类有利于规划指标的定量和统计，以及土地的利用和管理，便于在不同城市、不同规划方案之间进行类比，是集约、科学、合理地利用土地资源的必要基础。

各国的用地分类方法不同，我国是按土地使用的主要性质进行划分和归类的，在体现城乡统筹原则的同时，尽量满足市域和中心城区两个不同空间层面上与土地使用相关的现状调查、规划编制、建设管理和用地统计等工作的共同需求。目前，我国城市用地分类依据的是《城市用地分类与规划建设用地标准》（GB50137—2011），采用大类、中类和小类三级分类体系，大类用英文字母表示，中类和小类用英文字母和阿拉伯数字组合表示。使用本分类时，可根据工作性质、工作内容和工作深度的不同要求，采用分类的全部或部分类别。

根据规范，城市用地分类包括城乡用地分类和城市建设用地分类两部分。城乡用地指市（县）域范围内的所有土地，包括建设用地与非建设用地。其中建设用地包括城乡居民点建设用地、区域交通设施用地、区域公用设施用地、特殊用地、采矿用地等，非建设用地包括水域、农林用地以及其他非建设用地等。市域内城乡用地共分为2大类、8中类、17小类（表4-1）。

表 4-1　城乡用地分类

类别代码			类别名称	范围
大类	中类	小类		
H			建设用地	包括城乡居民点建设用地、区域交通设施用地、区域公用设施用地、特殊用地、采矿用地等
	H1		城乡居民点建设用地	城市、镇、乡、村庄以及独立的建设用地
		H11	城市建设用地	城市和县人民政府所在地镇内的居住用地、公共管理与公共服务用地、商业服务业设施用地、工业用地、物流仓储用地、交通设施用地、公用设施用地、绿地
		H12	镇建设用地	非县人民政府所在地镇的建设用地
		H13	乡建设用地	乡人民政府驻地的建设用地
		H14	村庄建设用地	农村居民点的建设用地
		H15	独立建设用地	独立于中心城区、乡镇区、村庄以外的建设用地，包括居住、工业、物流仓储、商业服务业设施以及风景名胜区、森林公园等的管理及服务设施用地

续表

类别代码			类别名称	范围
大类	中类	小类		
H	H2		区域交通设施用地	铁路、公路、港口、机场和管道运输等区域交通运输及其附属设施用地,不包括中心城区的铁路客货运站、公路长途客货运站以及港口客运码头
		H21	铁路用地	铁路编组站、线路等用地
		H22	公路用地	高速公路、国道、省道、县道和乡道用地及附属设施用地
		H23	港口用地	海港和河港的陆域部分,包括码头作业区、辅助生产区等用地
		H24	机场用地	民用及军民合用的机场用地,包括飞行区、航站区等用地
		H25	管道运输用地	运输煤炭、石油和天然气等地面管道运输用地
	H3		区域公用设施用地	为区域服务的公用设施用地,包括区域性能源设施、水工设施、通讯设施、殡葬设施、环卫设施、排水设施等用地
	H4		特殊用地	特殊性质的用地
		H41	军事用地	专门用于军事目的的设施用地,不包括部队家属生活区和军民共用设施等用地
		H42	安保用地	监狱、拘留所、劳改场所和安全保卫设施等用地,不包括公安局用地
	H5		采矿用地	采矿、采石、采沙、盐田、砖瓦窑等地面生产用地及尾矿堆放地
E	E1		非建设用地	水域、农林等非建设用地
			水域	河流、湖泊、水库、坑塘、沟渠、滩涂、冰川及永久积雪,不包括公园绿地及单位内的水域
		E11	自然水域	河流、湖泊、滩涂、冰川及永久积雪
		E12	水库	人工拦截汇集而成的总库容不小于10万立方米的水库,正常蓄水位岸线所围成的水面
		E13	坑塘沟渠	蓄水量小于10万立方米的坑塘水面和人工修建于引、排、灌的渠道
	E2		农林用地	耕地、园地、林地、牧草地、设施农用地、田坎、农村道路等用地
	E3		其他非建设用地	空闲地、盐碱地、沼泽地、沙地、裸地、不用于畜牧业的草地等用地
		E31	空闲地	城镇、村庄、独立用地内部尚未利用的土地
		E32	其他未利用地	盐碱地、沼泽地、沙地、裸地、不用于畜牧业的草地等用地

资料来源:《城市用地分类与规划建设用地标准》(GB 50137—2011)

　　城市建设用地指城市和县人民政府所在地镇内的居住用地、公共管理与公共服务用地、商业服务业设施用地、工业用地、物流仓储用地、交通设施用地、公用设施用地、绿地，共分为 8 大类、35 中类、42 小类（表 4-2）。

表 4-2　城市建设用地分类

类别代码			类别名称	范围
大类	中类	小类		
R			居住用地	住宅和相应服务设施的用地
	R1		一类居住用地	公用设施、交通设施和公共服务设施齐全、布局完整、环境良好的低层住区用地
		R11	住宅用地	住宅建筑用地、住区内城市支路以下的道路、停车场及其社区附属绿地
		R12	服务设施用地	住区主要公共设施和服务设施用地，包括幼托、文化体育设施、商业金融、社区卫生服务站、公用设施等用地，不包括中小学用地
	R2		二类居住用地	公用设施、交通设施和公共服务设施较齐全、布局较完整、环境良好的多、中、高层住区用地
		R20	保障性住宅用地	住宅建筑用地、住区内城市支路以下的道路、停车场及其社区附属绿地
		R21	住宅用地	
		R22	服务设施用地	住区主要公共设施和服务设施用地，包括幼托、文化体育设施、商业金融、社区卫生服务站、公用设施等用地，不包括中小学用地
	R3		三类居住用地	公用设施、交通设施不齐全，公共服务设施较欠缺，环境较差，需要加以改造的简陋住区用地，包括危房、棚户区、临时住宅等用地
		R31	住宅用地	住宅建筑用地、住区内城市支路以下的道路、停车场及其社区附属绿地
		R32	服务设施用地	住区主要公共设施和服务设施用地，包括幼托、文化体育设施、商业金融、社区卫生服务站、公用设施等用地，不包括中小学用地
A			公共管理与公共服务用地	行政、文化、教育、体育、卫生等机构和设施的用地，不包括居住用地中的服务设施用地
	A1		行政办公用地	党政机关、社会团体、事业单位等机构及其相关设施用地
	A2		文化设施用地	图书、展览等公共文化活动设施用地
		A21	图书、展览设施用地	公共图书馆、博物馆、科技馆、纪念馆、美术馆和展览馆、会展中心等设施用地
		A22	文化活动设施用地	综合文化活动中心、文化馆、青少年宫、儿童活动中心、老年活动中心等设施用地

类别代码			类别名称	范围
大类	中类	小类		
A	A3		教育科研用地	高等院校、中等专业学校、中学、小学、科研事业单位等用地，包括为学校配建的独立地段的学生生活用地
		A31	高等院校用地	大学、学院、专科学校、研究生院、电视大学、党校、干部学校及其附属用地，包括军事院校用地
		A32	中等专业学校用地	中等专业学校、技工学校、职业学校等用地，不包括附属于普通中学内的职业高中用地
		A33	中小学用地	中学、小学用地
		A34	特殊教育用地	聋、哑、盲人学校及工读学校等用地
		A35	科研用地	科研事业单位用地
	A4		体育用地	体育场馆和体育训练基地等用地，不包括学校等机构专用的体育设施用地
		A41	体育场馆用地	室内外体育运动用地，包括体育场馆、游泳场馆、各类球场及其附属的业余体校等用地
		A42	体育训练用地	为各类体育运动专设的训练基地用地
	A5		医疗卫生用地	医疗、保健、卫生、防疫、康复和急救设施等用地
		A51	医院用地	综合医院、专科医院、社区卫生服务中心等用地
		A52	卫生防疫用地	卫生防疫站、专科防治所、检验中心和动物检疫站等用地
		A53	特殊医疗用地	对环境有特殊要求的传染病、精神病等专科医院用地
		A59	其他医疗卫生用地	急救中心、血库等用地
	A6		社会福利设施用地	为社会提供福利和慈善服务的设施及其附属设施用地，包括福利院、养老院、孤儿院等用地
	A7		文物古迹用地	具有历史、艺术、科学价值且没有其他使用功能的建筑物、构筑物、遗址、墓葬等用地
	A8		外事用地	外国驻华使馆、领事馆、国际机构及其生活设施等用地
	A9		宗教设施用地	宗教活动场所用地
B	B1		商业服务业设施用地	各类商业、商务、娱乐康体等设施用地，不包括居住用地中的服务设施用地以及公共管理与公共服务用地内的事业单位用地
			商业设施用地	各类商业经营活动及餐饮、旅馆等服务业用地
		B11	零售商业用地	商铺、商场、超市、服装及小商品市场等用地
		B12	农贸市场用地	以农产品批发、零售为主的市场用地
		B13	餐饮业用地	饭店、餐厅、酒吧等用地
		B14	旅馆用地	宾馆、旅馆、招待所、服务型公寓、度假村等用地

续表

类别代码			类别名称	范围
大类	中类	小类		
B	B2		商务设施用地	金融、保险、证券、新闻出版、文艺团体等综合性办公用地
		B21	金融保险业用地	银行及分理处、信用社、信托投资公司、证券期货交易所、保险公司，以及各类公司总部及综合性商务办公楼宇等用地
		B22	艺术传媒产业用地	音乐、美术、影视、广告、网络媒体等的制作及管理设施用地
		B29	其他商务设施用地	邮政、电信、工程咨询、技术服务、会计和法律服务以及其他中介服务等的办公用地
	B3		娱乐康体用地	各类娱乐、康体等设施用地
		B31	娱乐用地	单独设置的剧院、音乐厅、电影院、歌舞厅、网吧以及绿地率小于65%的大型游乐设施等用地
		B32	康体用地	单独设置的高尔夫练习场、赛马场、溜冰场、跳伞场、摩托车场、射击场，以及水上运动的陆域部分等用地
	B4		公用设施营业网点用地	零售加油、加气、电信、邮政等公用设施营业网点用地
		B41	加油加气站用地	零售加油、加气以及液化石油气换瓶站等用地
		B49	其他公用设施营业网点用地	电信、邮政、供水、燃气、供电、供热等其他公用设施营业网点用地
	B9		其他服务设施用地	业余学校、民营培训机构、私人诊所、宠物医院等其他服务设施用地
M			工业用地	工矿企业的生产车间、库房及其附属设施等用地，包括专用的铁路、码头和道路等用地，不包括露天矿用地
	M1		一类工业用地	对居住和公共环境基本无干扰、污染和安全隐患的工业用地
	M2		二类工业用地	对居住和公共环境有一定干扰、污染和安全隐患的工业用地
	M3		三类工业用地	对居住和公共环境有严重干扰、污染和安全隐患的工业用地
W			物流仓储用地	物资储备、中转、配送、批发、交易等的用地，包括大型批发市场以及货运公司车队的站场（不包括加工）等用地
	W1		一类物流仓储用地	对居住和公共环境基本无干扰、污染和安全隐患的物流仓储用地
	W2		二类物流仓储用地	对居住和公共环境有一定干扰、污染和安全隐患的物流仓储用地
	W3		三类物流仓储用地	存放易燃、易爆和剧毒等危险品的专用仓库用地
S			交通设施用地	城市道路、交通设施等用地
	S1		城市道路用地	快速路、主干路、次干路和支路用地，包括其交叉路口用地，不包括居住用地、工业用地等内部配建的道路用地

续表

类别代码			类别名称	范围
大类	中类	小类		
S	S2		轨道交通线路用地	轨道交通地面以上部分的线路用地
	S3		综合交通枢纽用地	铁路客货运站、公路长途客货运站、港口客运码头、公交枢纽及其附属用地
	S4		交通场站用地	静态交通设施用地，不包括交通指挥中心、交通队用地
		S41	公共交通设施用地	公共汽车、出租汽车、轨道交通（地面部分）的车辆段、地面站、首末站、停车场（库）、保养场等用地，以及轮渡、缆车、索道等的地面部分及其附属设施用地
		S42	社会停车场用地	公共使用的停车场和停车库用地，不包括其他各类用地配建的停车场（库）用地
	S9		其他交通设施用地	除以上之外的交通设施用地，包括教练场等用地
U			公用设施用地	供应、环境、安全等设施用地
	U1		供应设施用地	供水、供电、供燃气和供热等设施用地
		U11	供水用地	城市取水设施、水厂、加压站及其附属的构筑物用地，包括泵房和高位水池等用地
		U12	供电用地	变电站、配电所、高压塔基等用地，包括各类发电设施用地
		U13	供燃气用地	分输站、门站、储气站、加气母站、液化石油气储配站、灌瓶站和地面输气管廊等用地
		U14	供热用地	集中供热锅炉房、热力站、换热站和地面输热管廊等用地
		U15	邮政设施用地	邮政中心局、邮政支局、邮件处理中心等用地
		U16	广播电视与通信设施用地	广播电视与通信系统的发射和接收设施等用地，包括发射塔、转播台、差转台、基站等用地
	U2		环境设施用地	雨水、污水、固体废物处理和环境保护等的公用设施及其附属设施用地
		U21	排水设施用地	雨水、污水泵站、污水处理、污泥处理厂等及其附属的构筑物用地，不包括排水河渠用地
		U22	环卫设施用地	垃圾转运站、公厕、车辆清洗站、环卫车辆停放修理厂等用地
		U23	环保设施用地	垃圾处理、危险品处理、医疗垃圾处理等设施用地
	U3		安全设施用地	消防、防洪等保卫城市安全的公用设施及其附属设施用地
		U31	消防设施用地	消防站、消防通信及指挥训练中心等用地
		U32	防洪设施用地	防洪堤、排涝泵站、防洪枢纽、排洪沟渠等防洪设施用地
	U9		其他公用设施用地	除以上之外的公用设施用地，包括施工、养护、维修设施等用地

续表

类别代码			类别名称	范围
大类	中类	小类		
G			绿地	公园绿地、防护绿地等开放空间用地，不包括住区、单位内部配建的绿地
	G1		公园绿地	向公众开放，以游憩为主要功能，兼具生态、美化、防灾等作用的绿地
	G2		防护绿地	城市中具有卫生、隔离和安全防护功能的绿地，包括卫生隔离带、道路防护绿地、城市高压走廊绿带等
	G3		广场用地	以硬质铺装为主的城市公共活动场地

资料来源：《城市用地分类与规划建设用地标准》（GB 50137—2011）

三、用地规模及标准

城市规模包含城市人口规模与城市用地规模，两者具有密切的关联。用地规模是指城市规划建成区内各项城市用地的总面积。用地规模的确定可通过两种方法。其一是按照已确定的人口规模，选用一定的人均用地标准，计算出用地规模，并按照一定比例对各类用地的面积进行分配。其二是根据城市社会经济发展的实际需要，先计算出城市各主要用地类别的用地规模，再累计得到用地规模总量。城市用地规模预测需结合实际条件和需求，既要避免预测的用地规模过大造成用地浪费，城市效率低下；也要避免预测的用地规模过小难以满足需求，影响城市建设和管理。

1. 人均城市建设用地标准

人均城市建设用地的计算方法是用城市建设用地面积除以中心城区内的常住人口数量，单位为平方米／人。人均城市建设用地标准应根据人均城市建设用地面积现状、城市所在气候区以及人口规划，参照表 4-3 中的指标确定。新建城市的人均城市建设用地指标应在 85.1—105 平方米／人以内；首都的人均城市建设用地指标应在 105.1—115 平方米／人以内；边远地区、少数民族地区，以及山地城市、人口较少的工矿城市、风景旅游城市等不符合表格规定的特殊城市，应通过专门论证确定人均城市建设用地指标，且上限不得大于 150 平方米／人。

表 4-3 除首都以外的人均城市建设用地指标（平方米／人）

气候区	现状人均城市建设用地规模	规划人均城市建设用地规模取值区间	允许调整幅度		
			规划人口规模 ≤ 20.0 万人	规划人口规模 20.1—50.0 万人	规划人口规模 > 50.0 万人
I、II、VI、VII	≤ 65.0	65.0—85.0	> 0.0	> 0.0	> 0.0
	65.1—75.0	65.0—95.0	+0.1—+20.0	+0.1—+20.0	+0.1—+20.0
	75.1—85.0	75.0—105.0	+0.1—+20.0	+0.1—+20.0	+0.1—+15.0
	85.1—95.0	80.0—110.0	+0.1—+20.0	−5.0—+20.0	−5.0—+15.0
	95.1—105.0	90.0—110.0	−5.0—+15.0	−10.0—+15.0	−10.0—+10.0
	105.1—115.0	95.0—115.0	−10.0—−0.1	−15.0—−0.1	−20.0—−0.1
	> 115.0	≤ 115.0	< 0.0	< 0.0	< 0.0
III、IV、V	≤ 65.0	65.0—85.0	> 0.0	> 0.0	> 0.0
	65.1—75.0	65.0—95.0	+0.1—+20.0	+0.1—20.0	+0.1—+20.0
	75.1—85.0	75.0—100.0	−5.0—+20.0	−5.0—+20.0	−5.0—+15.0
	85.1—95.0	80.0—105.0	−10.0—+15.0	−10.0—+15.0	−10.0—+10.0
	95.1—105.0	85.0—105.0	−15.0—+10.0	−15.0—+10.0	−15.0—+5.0
	105.1—115.0	90.0—110.0	−20.0—−0.1	−20.0—−0.1	−25.0—−5.0
	> 115.0	≤ 110.0	< 0.0	< 0.0	< 0.0

资料来源：《城市用地分类与规划建设用地标准》（GB 50137—2011）

2. 人均单项城市建设用地标准

人均单项城市建设用地的计算方法是用城市居住用地、公共管理与公共服务用地、交通设施用地以及绿地等各单项城市建设用地面积除以中心城区内的常住人口数量，单位为平方米／人。规划人均居住用地面积指标应参照城市所在的气候区（表4-4），规划人均公共管理与公共服务设施用地面积不应小于 5.5 平方米／人，规划人均交通设施用地面积不应小于 12 平方米／人，规划人均绿地不应小于 10 平方米／人，其中人均公园绿地面积不应小于 8 平方米／人。

表 4-4 人均居住用地面积指标（平方米／人）

建筑气候区划	I、II、VI、VII 气候区	III、IV、V 气候区
人均居住用地面积	28.0—38.0	23.0—36.0

资料来源：《城市用地分类与规划建设用地标准》（GB 50137—2011）

3. 城市建设用地结构

城市建设用地结构指城市各类用地与建设用地的比例关系，即城市居住用地、公共管理与公共服务用地、工业用地、交通设施用地以及绿地等单项城市建设用地面积除以中心城区内的城市建设用地面积得出的比值。为保证各类用地间的合理比例，国家对五大类城市用地各占城市建设总用地的比重做了规定（表4-5）。工矿城市、风景旅游城市以及其他具有特殊情况的城市，其规划城市建设用地结构可根据实际情况具体确定。

表 4-5　规划建设用地结构

类别名称	占城市建设用地的比例（%）
居住用地	25.0—40.0
公共管理与公共服务用地	5.0—8.0
工业用地	15.0—30.0
交通设施用地	10.0—30.0
绿地	10.0—15.0

资料来源：《城市用地分类与规划建设用地标准》(GB 50137—2011)

第三节　不同用途的城市用地

一、居住用地

居住用地是承担居住功能与居住活动的场所。居住用地是与城市居民关系最为密切的一类用地，是在城市用地中占比最大的用地种类之一。居住用地是由几项相关的单一功能用地组合而成的用途地域，一般包括住宅用地和与居住生活相关的服务设施用地。《城市用地分类与规划建设用地标准》（GB 50137—2011）将居住用地共分为3个中类，并分别规定了相关的规划内容（表4-6）。

一类居住用地（R1）是高端的低密度居住用地，包括别墅区、独立式花园住宅、四合院等，公用设施、交通设施和公共服务设施齐全，布局完整，环境良好。二类居住用地（R2）是中、高密度居住用地，公用设施、交通设施和公共服务设施比较齐全，布局相对完整，环境良好。三类居住用地（R3）是指以需要加以改造的简陋住区为主的居住用地，包括公用设施、交通设施不齐全，公共服务设施较欠缺，环境较差的危改房、棚户区、临时住宅等。这类用地在我国大多数城市中均有一定数量，通常在现状居住用地调查分类时采用。

　　居住用地的选择与居民的生活质量密切相关，同时，由于居住用地往往集聚而呈地区性分布，其选择对城市整体布局和风貌也有重要影响。首先，应根据用地自然条件的评定结果，选择安全和适宜建设的用地，避开易受洪水、地震、滑坡等自然灾害，以及沼泽、风口等不良条件影响的地区，尽量选择自然环境优良的地区，如在丘陵地区，宜选择向阳、通风的坡面。其次，应关注居住用地与城市其他用地之间的相互影响及联系。例如，接近工业区时，应选择常年主导风向的上风向，并按照相关法规留有必要的防护距离；另外，还应重视居住地域与城市绿地开放空间系统的关系，使居民尽可能多的接近自然环境，提高生态效应。同时，城市中居住空间与就业空间、消费空间之间的位置和距离关系也需注意，在城市外围选择居住用地时，还要考虑与现有城区的功能结构关系，有效利用城市的公用设施和基础设施。

表 4-6　居住用地分类及内容

大类	中类	内容	小类
R 居住用地	R1 一类居住用地	公用设施、交通设施和公共服务设施齐全，布局完整，环境良好的低层住区用地	R11 住宅用地
			R12 服务设施用地
	R2 二类居住用地	公用设施、交通设施和公共服务设施较齐全，布局较完整，环境良好的多、中、高层住区用地	R20 保障性住宅用地
			R21 住宅用地
			R22 服务设施用地
	R3 三类居住用地	公用设施、交通设施不齐全，公共服务设施较欠缺，环境较差，需要加以改造的简陋住区用地，包括危房、棚户区、临时住宅等用地	R31 住宅用地
			R32 服务设施用地

资料来源：《城市用地分类与规划建设用地标准》（GB 50137—2011）

二、公共设施用地

城市公共设施为城市居民提供与生活密切相关的各种商品和各项服务，同时也提供就业机会。城市公共设施的内容与规模在一定程度上可以反映出城市的性质与规模，以及城市的经济水平和文明程度等。根据投资和开发主体的不同，公共设施用地可分为公共管理与公共服务用地和商业服务业设施用地两类。公共管理与公共服务用地指行政、文化、教育、卫生、体育等机构和设施的用地，不包括居住用地中的服务设施用地，具体可分为9个中类。满足民生需求的公共服务设施，主要由政府提供，一般不以营利为目标，而是主要考量社会、环境效益。商业服务业设施用地指各类商业、商务、娱乐康体等设施用地，可分为5个中类。以营利为主要目的商业服务设施由市场提供，但是不一定完全由市场经营，政府如有必要亦可独立投资或合资建设，如剧院、音乐厅等机构。

公共设施用地的选择应综合考虑城市总体布局需要和居民生活需求，进行合理配置。城市公共设施用地很大程度上影响着城市的风貌和整体氛围，如较大规模聚集的公共设施用地可能形成城市级或片区级商业中心、文化中心或中央商务区等具有特殊功能的区域，而较小规模聚集的公共设施用地也可能形成居住区级的综合性公共服务中心。公共设施用地规模和城市性质与规模、城市生活方式与经济发展水平、城市布局结构、社区的建设与发展情况有关，因此，其规划指标的确定要从城市公共设施设置的目的、功能要求、分布特点，以及城市经济现状等多方面进行分析研究，综合加以考虑。具体做法一般有三种：按照"千人指标"来确定，即规定每1000个城市居民所占有的公共设施用地面积；根据各专业系统和有关部门的规定来确定；根据地方的特殊需要，通过调研按需确定。具体布局公共设施用地时需要注意以下几点。

首先，要合理选择城市公共设施的类型和级别。全市范围内的公共设施应按城市的需要配套齐全，并形成一定的系统，以保证城市居民的生活质量和城市机能的运转。城市各级别的公共设施，需参照城市性质与规模、城市生活方式与经济发展水平、城市布局结构等方面的情况合理配置，同时，需注意配置的弹性，应保留公共设施规模扩展或功能应变的余地。

其次，要科学布局城市公共设施的位置。公共设施的服务半径通常根据与居民生活的密切程度确定，同时也要考虑公共设施经营管理的经济性和合理性。公共设施的布局应依据其使用性质和对交通集聚的要求，结合城市道路系统规划与交通组织统一安排，避免在交通性道路两侧布置集聚大量人流的公共设施。规划布局时应考虑到公共设施本身的特点及其对环境的要求，考虑到公共设施与周围地块的关系，避免相互干扰。例如，学校、图书馆一般不与剧场、市场、游乐场相邻；对外交通枢纽附近宜布置饮食、住宿、文化休闲等设施，不宜布置小学；医院不宜挨着市场等。

另外，要重视公共设施对城市景观的重要作用，在公共设施布局中贯彻生态环境保护的理念。公共设施应充分利用城市原有基础进行改建或扩建，延续城市文脉，集约利用资源。公共设施的布局和设置应注意与其他建筑的协调，尽量营造利于人们交流休憩的场所，如休闲广场、景观小品等。在公共设施用地的布局和设计过程中应积极进行生态环境保护，采用有利于环保的材料、工艺等，塑造有利于自然环境保护的空间。例如，广场应积极运用透水铺装以及其他利于城市雨水管控的海绵城市建设方法。

三、工业用地

在现代城市发展过程中，工业起到了重要的推动作用，并且目前仍对城市经济发展具有重要影响。同时，工业也带动着其他各项事业的发展，如市政公用设施、各种交通运输设施、配套工业和各项服务设施的建设，以及提供了大量的就业岗位等。由于工业用地可能会对周围环境造成一定的污染和干扰，在选址上有特殊要求，有时需要与城市其他用地进行一定的隔离，因此，工业用地的布局在相当程度上会影响城市的空间格局。另外，工业运行中的产品和原料运输，以及工业就业人流产生的大量客货运量对城市的主要交通流向和流量也会起到决定性影响。

根据工业对居住环境与公共环境的干扰和污染程度，工业用地被分成一类工业用地（对环境基本无干扰、污染和安全隐患）、二类工业用地（对环境有一定干扰、污染和安全隐患）和三类工业用地（对环境有严重干扰、污染和安全隐患）三个中类。

工业用地的布局主要从工业用地自身需求、交通运输的需求以及防止工业对城市环境造成污染的要求三方面考虑。

确定工业用地的布局，首先要对不同类型的工业用地进行充分的调查分析，了解其不同的需求，包括对水源、能源、工程地质、水文地质与水文的要求。另外，工业用地的自然坡度要和生产工艺、运输方式和排水坡度相适应，某些工业种类对用地还会有特殊的要求。在选择工业用地时，应为城市未来的发展留有足够的空间和弹性。

运输费用占生产费用的很大比重，因此，交通运输条件关系到工业企业的生产运行效益。各种运输方式的建设与经营管理费用均不相同，在规划中要根据货运量的大小、货物单件尺寸与特点、运输距离，分析比较后确定。工业用地应布局在有相应运输条件的地段，以利于原料和产品的输入输出，同时，应尽量减少工业运输交通对城市其他地区的影响。

工业用地布局中非常重要的一点是防止工业对城市环境产生污染。设置卫生防护带对减少有害气体及噪声污染可以起到很大作用。卫生防护带内部密植的树木形成了对污染的阻隔，应选用对有害废气有抵抗能力，最好能吸收有害气体的树种。卫生防护带内只能设置一些少数人使用的、停留时间不长的建筑，如消防车库、仓库、停车场、市政工程构筑物等，不得将体育设施、学校、儿童机构、医院等布置在内。除此以外，防止工业对环境的污染还有如下重要方式。

① 减少有害气体的污染。工业布局要综合考虑风向、风速、季节、地形等多方面的影响因素。会造成大气污染的工业用地应布置在下风向。排放大量废气的工业应布置在空气流通快的高地。群山环绕的盆地和谷地、四周被高大建筑包围的空间及静风频率高的地区，空气流通不良，会使污染物无法扩散而加重污染，因此不宜布置排放有害废气的工业。高位置污染源的工业布置在谷地时须增加烟囱高度。另外，还要避免将散发有害气体的工业集中在一个地段，且不能把废气会相互作用产生新的污染的工业布置在一起。

② 防止废水污染。会造成水污染的工业应布置在城市下游。城市现有及规划水源的上游不得设置排放有害废水的工业，亦不得在排放有害废水的工业下游开辟新的水源。

③ 防止废渣污染，积极推行工业废渣的综合利用。应根据废渣的成分，适当安排配套的回收利用项目，以求物尽其用。不能利用的废渣，要对其堆弃场地妥善安排，防止其对土壤、水源的污染。

④ 防止噪声干扰。噪声大的工业用地应布置在离居住区较远的地方，并设置一

定宽度的绿带，减弱噪声干扰。

工业用地在城市中的布局形式包括工业区与其他用地交叉布置、工业区在外包围城市、工业区呈组团布置三种情况。

工业区与其他用地交叉布置，即工业区分布于城市主城区内部，与其他用地呈间隔式交叉布置。无污染、运量小、劳动力密集、附加价值高的工业适合散布于城市中，与其他类型用地相间，形成混合用途的地区。这种布局方式灵活，可以将各工业用地就业人员的通勤交通消化于城市内部，不致产生较大流量的单向交通，并且利于生产与市场的紧密结合。以这种方式布局的工业区一般规模不会很大；尽管如此，当工业区需要大量的货运交通时，仍可能对城市交通产生干扰。

工业区包围城市是指工业区较为均匀地分散在城市主城区四周。这种布局形式适用于对环境有一定污染和干扰，并且占地和运输量较大的工业用地。在城市边缘布局若干个相对集中的工业区，一方面可以避免与其他类型用地产生矛盾，另一方面也便于利用相对廉价的土地和获得更多扩展的可能。工业包围城市的布局按工业的性质和污染程度，均匀、合理地布置，在一定程度上缓解了工业区对城市的污染。这种布局方式也便于工业区的对外联系，当需要大量货运交通时，可以与城市外围的交通系统相连接，避免了大量运输对城市的干扰。但是，这种布局方式容易造成大量的单项通勤人流、车流，没有为城市发展留有余地。若城市发展需要进一步扩展用地，由于被工业用地包围，扩展后会产生城市又将工业区包围在内，互相干扰的不利现象，迫使城市只得另辟新区发展。

工业区呈若干组团式布局，较为独立地分布于城市外围或某一城市片区，这种方式可兼顾前两者的优势。工业区集聚成组团，能够形成一定的规模效应，便于统一组织对内对外交通。同时，为具有一定规模的工业组团配套建设相应的居住区和生活配套设施，也可避免大量单项通勤交通的产生。位于城市外围的工业组团有着较为灵活的发展余地，可围绕工业发展成城市新区。

在大城市中，可结合具体的工业性质和规模，利用以上三种形式综合布局城市工业用地，将工业用地分为市区工业用地、近郊工业区、远郊工业区等，使城市用地呈现出群体组合的形态。工业用地布局的总体原则是避免与城市其他用地产生互相影响，宜采用相对集中的方式，避免工业用地过于分散、分割城市。

四、城市绿地

城市绿地分为公园绿地、防护绿地与广场三个中类。城市绿地不仅为居民提供了休闲娱乐的室外场所，提高了生活质量，同时也对城市生态环境改善、城市雨洪系统调蓄、城市密集状态疏解、城市应急避难场所设置、城市景观风貌塑造等具有重要意义。可以说，城市绿地除了自身的属性外，还具有极高的可塑性；除了可以以独立地块存在外，还可以与相邻的城市各类用地结合，共同形成可以承载某种功能或多种功能的场所。另外，根据自然景观与人工景观比例的不同，城市绿地会呈现出不同的状态，可以是保持相当程度的原生自然状态，也可以通过人为的修饰与布置呈现出人工化的自然状态，共同塑造多姿多彩的城市空间。

1. 城市绿地的规划布局原则

首先，城市绿地的规划布局要具有全局观，从整体层面构建多层级、网络化城市绿地系统。城乡绿地系统需统筹规划，关联区域环境。各种功能的绿地（公共绿地、防护绿地等）应合理分布。其次，城市绿地的布局要兼顾共享、均衡和就近等原则，根据各区的人口密度来配置相应数量的公共绿地。再次，应综合考虑城市绿地与城市其他用地的关系，结合相邻用地的功能特性，充分发挥城市绿地的积极作用，改善周边地区的环境质量。若绿地与公共设施用地结合，可提供人们休息和交流的场所，提升地段人气；若绿地与工业用地结合，可阻隔工业对周边地区的污染，净化空气，降低噪声等。

绿地的布局要结合城市现状，利用原有地形和自然条件，因地制宜。规划布局时，应参考对城市用地自然条件的分析，合理有效利用城市土地资源。可占用不宜布置其他用地功能的地块来设置城市绿地，如形状不规整的地块，往往能获得更好的景观效果。另外，还应依据城市气候环境、土壤环境等选择适宜的种植方式和树种，如北方风沙大，就须设防护带；夏季气候炎热的城市要考虑设置具有通风降温作用的林带。城市绿地布局要注意自然状态区域与人工状态区域的比例，在结合当地实际条件的基础上，适当增加自然状态绿地的比例，以更大程度地发挥绿地系统的自然生态作用。同时，一定比例人工状态的城市绿地是提升绿地系统使用效率，方便人们亲近自然，增强城市活力的基础。自然状态的绿地与人工状态的绿地应结合布置。

2. 城市绿地的形态分类

城市绿地按照形态可大体分为点状、带状、楔形三种基本类型。城市范围内的绿地布局一般是将三种基本类型组合和混合使用，以形成多层级的绿地网络系统。

点状（或块状）绿地即集中成块的绿地，包括各种规模和等级的城市绿地，大到城市级的公园，小到街边的口袋公园。点状绿地对城市所起的作用集中于其自身的周边，影响范围与其规模大小有关，规模越大和等级越高的绿地对周边的影响越大。这种形态的绿地是构成绿地网络的基本节点，且相对独立，各个点状绿地之间的联系不强。较为分散的点状绿地出现在我国多数城市中，如上海、天津、武汉、大连、青岛等，且旧城区尤为常见。

带状绿地一般是沿城市河岸、街道、景观通道等形成的绿色地带，也包括城市外缘或工业地区侧边的防护林带。带状绿地由于自身的形态特征，与城市其他功能用地的连接面较大，能够更有效地将绿地系统的积极作用带给城市。环状绿地可视为带状绿地的一种，一般指在城市内部或城市边缘布置成环的绿道或绿带。环状绿地可用以连接沿线的公园等绿地，或以宽阔的绿环限制城市向外进一步蔓延扩展，如阿伯克隆比大伦敦规划的绿环。带状绿地也是将点状绿地联系成网的重要因素。利用河湖水系、城市道路、旧城墙等元素，不同宽度的带状绿地可形成城市绿道，横纵向交错的带状绿地可构成城市绿地网络，如南京、西安、苏州、哈尔滨等。

楔形绿地指从市区外围绿色地带（如自然植被、山体、河湖海岸等）将自然的绿色空间引入城区，形状以外围宽、内部窄为主。楔形绿地联系着城市内部空间与城市外围的自然环境，有利于提高城市生态质量，改善城市气候。一些城市的绿地是沿对外交通干线呈放射状向外发展，形成楔形绿地插入城区的布局形态，如合肥。

城市道路交通系统

第一节　城市交通系统

　　交通一般是指人和物的流动，即在一定的设施条件下，完成一定的运输任务，包括空运、水运、铁路和公路等方式。一个城市的交通是由各种相对独立而又相互配合、互为补充的交通类型组合而成的，是由多部门共同构成的一个庞大、复杂、严密而又精细的体系。城市综合交通系统涵盖了存在于城市中及与城市有关的各种交通形式。

一、城市交通系统的分类

　　城市交通系统可分为城市交通和城市对外交通两部分。城市交通是指城市内部的交通，即城市各种用地之间人和物的流动。这些流动以一定的城市用地为出发点，以一定的城市用地为终点，经过一定的城市用地而进行。城市交通主要通过城市道路系统来组织，有时也包括轨道交通(地铁、有轨电车)和水运交通(轮渡、船运)等。城市对外交通是以城市为基点与外部空间联系的交通，包括与其他城市间的交通以及城市地域范围内的城区与周围城镇、乡村间的交通，主要形式有铁路、公路、水路、航空以及管道运输等。为满足对外交通需求，城市中常设置相应的设施，如机场、铁路线路及站场、长途汽车站场、港口码头等。城市交通与城市对外交通相互联系、相互转换，两者共同构成一个连续的系统。城市交通系统除了按空间分布划分为城市交通和城市对外交通外，还可按交通运输方式分为轨道交通、道路交通（机动车、非机动车、步行）、水上交通、空中交通、管道运输、电梯传送带等，按照运行组织形式分为公共交通、准公共交通和个体交通，按照输送对象分为客运交通与货运交通，按照运行速度分为快速交通（机动车交通）、慢速交通（步行、自行车交通）及静态交通（停车系统）。

二、城市道路与交通设施用地

交通规划与土地使用规划必须作为一个整体来考虑。城市道路与交通设施用地即城市的道路、交通设施等的用地，不包括居住用地、工业用地内部的道路、停车场等用地。城市道路与交通设施用地可分为城市道路用地、城市轨道交通用地、交通枢纽用地、交通场站用地和其他交通设施用地。其中，城市道路用地（S1）指城市快速路至支路各等级道路用地，包括交叉口用地，不包括支路以下的道路，如旧城区小街小巷、胡同等的用地。城市轨道交通用地（S2）指地面以上（包括地面）不与其他用地重合的城市轨道交通线路、站点用地。城市交通枢纽用地（S3）指铁路客货运站、公路客货运站、港口客运码头、公交枢纽及其附属设施用地，包括其内部用于集散的广场等（表5-1）。

表5-1　道路与交通设施用地

			道路与交通设施用地	城市道路、交通设施等用地，不包括居住用地、工业用地等内部的道路、停车场等用地
S	S1		城市道路用地	快速路、主干路、次干路和支路等用地，包括其交叉口用地
	S2		轨道交通线路用地	独立地段的城市轨道交通地面以上部分的线路、站点用地
	S3		交通枢纽用地	铁路客货运站、公路长途客货运站、港口客运码头、公交枢纽及其附属设施用地
	S4		交通场站用地	静态交通设施用地，不包括交通指挥中心、交通队用地
		S41	公共交通场站用地	公共汽车、出租汽车、轨道交通（地面部分）的车辆段、地面站、首末站、停车场（库）、保养场等用地，以及轮渡、缆车、索道等的地面部分及其附属设施用地
		S42	社会停车场用地	公共使用的停车场和停车库用地，不包括其他各类用地配建的停车场（库）用地
	S9		其他交通设施用地	除以上之外的交通设施用地，包括教练场等用地

资料来源：《城市用地分类与规划建设用地标准》（GB 50137—2011）

第二节　城市道路系统

城市道路是负担城市交通的主要设施，是行人和车辆往来的专用地。畅通的道路系统是保证城市各项功能正常运转的前提。城市道路联系着城市的各功能用地，是组织城市各种功能用地的骨架。道路建设是引导城市发展的手段之一，也是城市生产和生活活动的动脉，道路系统布局是否合理直接关系到城市是否可以正常、有效地运转和发展。道路交通网络大体确定了城市的用地布局和土地利用的轮廓，也就是说，它在很大程度上决定着城市的形态。另外，道路空间也是城市空间环境的基本构成要素之一，是城市景观的重要组成部分，是展现城市风貌的重要媒介。同时，城市道路系统还是安排绿化、处理排水，以及布置其他城市基础设施和地上、地下管线的主要空间，也是发生灾害时重要的避难、疏散通道。

一、城市道路系统的布局要求

城市道路交通网络规划要满足五方面的基本要求：

第一，城市道路交通的运输需求。这要求规划时充分考虑城市的空间联系和功能布局，建立完整的、合理的、分流的城市道路系统，使道路功能清晰、系统分明。道路交通网络应尽量在全市范围内均衡分布，提高居民出行效率，避免交通过度集中于少数干道上，使交通复杂化和造成突出的单向交通。另外，还应适当增加道路冗余度，避免单一通道，每个交通需要都应该提供两条以上的路线供使用者选择。城市道路规划应结合用地性质，减少不必要的往返运输、迂回运输和穿越式交通，有效利用交通分流尽量满足不同功能交通的不同要求（快速与常速、交通性与生活型、机动与非机动），使整个城市交通系统能高效率运转。

第二，城市布局和风貌要求。城市道路系统并非单独存在，它就像城市的骨架，构成了城市基本的平面形态。各级道路即是城市各分区、组团、各类用地的分界线，同时也是联系它们的通道。交通问题要放在城市总体布局中统筹考虑。新城建设初期需要综合考虑城市的道路交通系统和城市总体布局以确定平面规划方案，旧城改造中由于城市基本格局已定，需要根据现状条件和实际情况对道路系统进行调整改善，道路功能应与相邻的用地性质相协调。城市道路的设置应尽可能使建筑用地取得良好的朝向。道路的选线等应有利于城市景观的组织，宽度应与两侧建筑高度保持协调，力求塑造宜人的街道空间。

第三，城市的环境和气候要求。为减少车辆噪声，道路设置中应避免过境车辆穿越市区，还可建设必要的防护绿地、防噪屏等。另外，通过沿街设置后退道路红线或布置公共建筑也能达到防止噪声影响的效果。城市气候对城市道路走向的设计也有很大影响。夏季炎热地区的道路应有利于通风，平行于该地区夏季的主导风向；南方海滨、江滨的道路应临水敞开，并布置一定数量垂直于岸线的道路，以利于将临近水面处的新鲜空气引入城市。冬季严寒且多风沙、大雪的地区，道路设置应与该地区冬季主导风向呈直角或偏斜一定角度，避免大风直接侵袭城市。山地城市道路走向则应有利于山谷风通畅。

第四，各种市政管线布置的要求。城市道路是敷设各种管线的主要空间，规划时应留有余量。并且，不同用途的管线，对施工空间的要求也不同，应具体问题具体分析。同时，城市道路规划还要和人防、防灾工程的规划相结合，以利战备和防灾疏散。

第五，城市的道路建设需求。自然地形对道路系统的规划有很大影响。在地形起伏较大的丘陵地区和山区，应充分利用地形，减少工程量。同时，需注意所经地段的工程地质条件，尽量绕过地质和水文地质不良的地段。

二、城市道路网

1. 城市道路网布局形式

城市道路网按照平面形态可大致分为方格网式、环形放射式、自由式和混合式四类。

① 方格网式又称棋盘式，是最常见的城市道路网类型，具有交通组织简单、交通流分布均衡、路网通行能力大等优点，适用于地形平坦的城市。方格网式道路划分的地块形状整齐，有利于建筑物的布置。此类布局，平行方向上有多条道路，灵活性强，但对角线方向交通联系不便。

② 环形放射式道路网。放射式道路有利于市中心与外围市区和郊区的联系，环形道路又有利于中心城区外的市区及郊区的相互联系。但放射式道路容易把外围的交通迅速引入市中心地区，造成市中心交通过度集中，也较易形成不规则地块。同时，环形道路网容易引起城市呈同心圆式不断向外扩张。环形放射式道路网的交通

灵活性较差于方格网式。

③ 自由式道路布局常用于地形起伏较大的地区，道路结合自然地形呈不规则形状。此种道路布局形式常呈现出活泼丰富的景观效果，如我国的青岛、重庆。

④ 混合式道路网。有的城市由于历史原因，经历了不同的发展阶段。这些城市在特定的社会条件、自然条件下，为满足城市交通及其他城市建设需要，逐步形成了多种道路网并存的形式。同一个城市的不同地区可能有几种不同的道路网形式，或几种不同形式的道路网组合。

2. 城市道路网密度

城市道路网密度是衡量道路设施数量的一个基本指标，指单位城市用地面积内的平均道路总长。城市道路网的密度越高，总的容量和服务能力就越大，路网建设的投资也越大。因此，路网密度应与所在区域经济发展水平和交通需求相适应，并且其规划应具有一定的超前性。

在城市道路系统中，交通干道应占有一定比例，这通常以干道网密度来衡量，单位以千米/平方千米表示，即每平方公里城市用地面积内平均所具有的干道长度。

城市干道网密度 = 城市干道总长度 / 城市用地总面积（千米 / 平方千米）

城市干道网密度越大，交通联系越方便。但密度过大会造成用地不经济，增加建设投资。一般认为，恰当的干道间距为 600—1000 米，相应的干道网密度为 2—3 千米 / 平方千米。城市中心区等交通密集地区可适当增加密度。

道路网密度可直观反映城市道路的间隔。道路间距过大会影响交通集散的能力，导致机动车交通产生额外的绕行；间距过密则会导致交叉口过多，影响交通效率。

三、城市道路分类方式及设计要点

1. 按级别划分

根据城市道路所在位置和所联系地区的特点，城市的道路（S1）可分为快速路、主干路、次干路和支路四类。大城市可包含全部四级道路，中等城市可包含三级（主干路、次干路、支路），小城市通常只包含两级（干路、支路）。

① 快速路为城市中大量、长距离、快速交通服务，一般是联系城市各组团的道路，是全市性交通主干道。快速路是大城市交通运输的主要动脉，也是城市与高速公路的联系通道。快速路通常布置四条以上的行车道，对向车行道之间应设中间分

车带，进出口应采用全控制或部分控制。快速路两侧不应设置吸引大量车流、人流的公共建筑物的进出口，一般建筑物的进出口也应加以控制。

② 主干道是全市性干道，是城市中主要的常速交通道路，是联系城市各组团及城市对外交通枢纽的主要通道。主干道还联系着城市中的主要工矿企业和全市性公共场所等，在城市道路网中起骨架作用，为城市的主要客货运输路线。主干道多以交通功能为主，也有少数主干路根据规划设计意图，成了城市主要的生活性景观大道。自行车交通量大时，主干道宜采用机动车与非机动车分隔的形式，如三块板断面道路。

③ 次干道是城市各组团内的主要干道，与城市主干道相连接，共同形成城市干道网。次干道通常可分为交通性次干道和生活性次干道。前者常为混合性交通干道和客运交通次干道，后者包括商业服务性街道或步行街等。

④ 支路为次干道街坊路的连接线，是直接解决局部地区交通问题的道路，以生活服务功能为主。

2. 按功能划分

按功能对城市道路进行分类的依据是道路与城市用地之间的关系，即根据道路两旁用地所产生的交通流的性质来确定道路的功能。城市道路根据功能可分为交通性道路和生活性道路两大类。

交通性道路是以满足交通运输需求为主要功能的道路，承担着城市主要的交通流量及对外交通联系，其特点为车速高、车辆多、行人少、行车道宽。交通性道路的道路平面线型需要顺直，要符合快速行驶的要求。交通性道路要求快速、畅通，避免行人频繁过街的干扰，以及各种车流之间的相互干扰。交通性道路应与交通性用地（工业、仓储、交通设施用地）以外的城市用地（居住、公共设施等用地）进行较好的隔离。交通性道路两旁应避免布置吸引大量人流的公共建筑。根据车流的性质又可将交通性道路分为货运为主和客运为主两类。

生活性道路是以满足城市生活性交通需求为主要功能的道路，其特点是车速较低，以行人、自行车和短距离交通为主。生活性道路应尽量避免交通性车辆的干扰，为居民提供方便，车道宽度可稍窄一些。此类道路的两旁可布置为生活服务的人流较多的公共建筑和停车场地，要保证有比较宽敞的供行人和自行车使用的空间。同时，生活性道路的建设通常还有一定的景观要求。

四、城市道路宽度与道路红线

城市道路宽度包含路幅宽度和道路宽度两层含义。路幅宽度即道路红线之间的宽度，是道路横断面中各种用地宽度的总和。道路宽度则只包括车行道和人行道宽度，不含人行道外侧沿街的城市绿化等用地宽度。

道路红线是道路用地和两侧建筑用地的分界线。道路红线有可能与建筑红线重合，也有可能另外划定，以增加绿化用地或为未来的道路扩展留有余地。道路红线内的用地包括车行道、步行道、绿化带、分隔带四部分。确定道路红线宽度时，应综合考虑道路性质与相邻用地性质，使其同时满足交通、绿化、通风日照、沿街景观、街道空间等方面的要求，并留有足够的地下空间敷设管线。城市总体规划阶段需明确道路红线的大致宽度（表5-2），详细规划阶段再根据毗邻道路用地和交通的实际需要最终确定。

表5-2　不同级别道路的红线宽度

	快速路	主干路	次干路	支路
红线宽度/米	60—100	40—70	30—50	20—30

五、城市道路横断面

道路横断面是由车行道的布置情况决定的，通常可分为四种类型，即一块板、两块板、三块板和四块板（图5-1）。道路横断面设计需考虑道路的性质、等级，以及机动车、非机动车、行人的交通组织情况和城市用地等的具体条件，因地制宜地确定。同一条道路宜采用相同类型的横断面设计。当道路横断面的构成形式或横断面各组成部分的宽度变化时，应设置以交叉口或结构物为起止点的过渡路段。

1. 一块板断面

一块板断面即不用分隔带划分车行道的道路横断面，适用于机动车交通量不大、非机动车较少的次干路、支路，以及用地不足、拆迁困难的旧城市道路。一块板形式横断面的道路能很好地适应"钟摆式"交通流，若早晚高峰时某一个方向车流量很大，可根据具体情况自动调节车道的使用宽度。

2. 两块板断面

两块板断面即用分隔带将车行道划分为两部分的道路横断面。两块板断面的形式常用于以下几种情况：

①解决对向机动车流相互干扰问题。根据规范要求，当道路设计车速大于 50 千米 / 小时，必须设置中央分隔带。例如，用于纯机动车行驶的车速高、交通量大的交通性干道，包括城市快速路和高速公路。

②较高景观、绿化需求地段，通常在中央分隔带设置一定宽度的绿化植被，常见于城市迎宾大道等具有特殊景观需求的地段。

③地形高差较大或地形特殊的地段，通常将两个方向的道路设置在不同平面上，以便根据地形灵活布置道路的宽度等，从而减少土方量和道路造价。

④机动车与非机动车需分离。机动车和非机动车流量、车速都很大的近郊区道路，可采用较宽的绿带进行分隔，在被分割为两部分的路面上分别组织机动车和非机动车，从而大大减少两者的矛盾。但这种方式的道路交叉口处较难处理，所以很少使用。

3. 三块板断面

三块板断面即用分隔带将道路划分为三部分的道路横断面，通常是利用两条分隔带将机动车与非机动车分开，中间为机动车道，两旁为非机动车道。三块板断面道路的红线宽度需大于或等于 40 米，一般车行道的宽度要在 20 米以上，占地大，投资高。三块板断面一般适用于机动车交通量不十分大而又有一定的车速和车流畅通要求，自行车交通量较大的生活性道路或交通性客运干道；不适用于机动车和自行车交通量都很大的交通性干道，以及要求机动车车速快而畅通的城市快速路。

4. 四块板断面

四块板断面即用分隔带将道路划分为四部分的道路横断面。四块板断面包含两种形式：一种是在三块板横断面的基础上增加一条中央分隔带，解决对向机动车相互干扰的问题；另一种形式是用于城市快速路（环路），形成主辅路断面，即中间两块板为快速交通，两侧两块板通行常速交通。但这两种形式均存在着快速交通与非机动车交通或常速机动车交通之间由于速度不同而产生的干扰的问题，特别是在道路交叉口地段。目前，快速交通与常速机动车交通为避免相互影响，在道路交叉口处一般采用立体交叉方式。

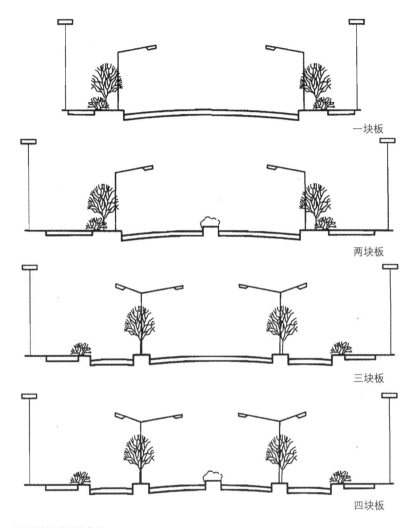

一块板

两块板

三块板

四块板

图 5-1 道路横断面类型示意图

六、城市道路交叉口

道路相交即形成交叉口。交叉口是城市道路系统的重要组成部分，是道路上各类交通汇合、转换、通过的地点，也是管理、组织道路上各类交通的控制点。设计时，须依据整个道路系统的功能规划和交通系统的组织与管理要求，结合相交道路的路段情况，具体确定道路交叉口的平面布置形式、交通组织方式和竖向高程等。

道路交叉口附近的用地应结合道路的性质布置，尽量避免将吸引大量人流的公共建筑布置在交叉口，增加不必要的交通负担。人流和车流都很密集的地区应采取立体化、渠化等交通组织措施。城市中心地区应避免大型展宽交叉口，给行人穿越道路提供方便，交叉口转角处的人行道铺装宜适当加宽。快速路和主干路上的重要交叉口应修建人行天桥或人行地道。

交叉口常见的有十字形、丁字形（T字形）、Y字形以及不规则形。交叉口的通行能力取决于交通的组织方式。交叉口的交通组织方式可分为四种：无交通管制、渠化交通（通过交通岛组织不同方向车流分道行驶）、交通指挥（信号灯控制或警察指挥）、立体交叉。改善交叉口交通条件，增大其通行能力的措施包括以下几种。

1. 视距三角形

为保证交叉口的行车安全，需要让驾驶人员在进入交叉口前的一段距离内看清驶来交汇的车辆，以便及时采取措施，避免发生碰撞。因此，在保证两条相交道路上的直行车辆都有安全的停车视距的情况下，还必须保证驾驶人员的视线不受遮挡，由两车的停车视距和驾驶员视线组成的交叉口视距空间和限界，又称视距三角形。视距三角形是确定交叉口红线位置的依据之一。另外，该限界内要求清除高于1.2米的障碍物。

2. 平面环形交叉口

平面环形交叉口又称环岛或转盘，即在交叉口中央设置一个中心岛，车辆绕岛逆时针单向行驶，连续不断地通过交叉口。平面环形交叉口不需要信号灯指挥交通，是渠化交通的一种方式。此类交叉口减少了车辆等待信号灯的时间，且相对于异形交叉口更容易组织。但这种交叉口机动车与非机动车、行人之间的相互干扰较严重。由于中心岛所需用地较大，平面环形交叉口一般设置于多条道路交汇的交叉口和左转交通量较大的交叉口。若相交道路过多，且道路交叉角不均匀，中心岛就需要做得很大。因此，当相交道路超过6条时，应考虑将道路适当合并后再接入交叉口。这种形式的交叉口通行能力较低，一般不适用于快速路和主干路，较适用于机动车和行人交通量均不大的道路。

3. 立体交叉口

设置立体交叉口的目的是保证快速道路交通的快速性和连续性，减少或避免低速车辆、行人对快速车辆正常行驶的干扰，提高交叉路口的通行能力。立体交叉的形式又可分为分离式立体交叉和互通式立体交叉。分离式立体交叉主要用于铁路干线以及城市干道的交叉以及城市快速路（高速公路）与城市一般道路的交叉。互通式立体交叉按功能可分为一般互通式立体交叉和枢纽互通式立体交叉。一般互通式立体交叉通常用于高速公路等干线公路与地方公路的交叉，主要服务于地方交通流的接入与集散。枢纽互通式立体交叉通常用于高速公路等干线公路之间的交叉，主要服务于干线公路之间的交通流转换。

第三节　城市停车系统

一、城市停车系统概述

停车系统也称静态交通系统，是城市道路交通不可分割的组成部分。停车场是提供各种机动车和非机动车停放空间的露天或室内场所。随着城市交通量的日益增长和生活水平的不断提高，停车场的设计和建设已成为城市规划中非常重要的问题。

停车场分为专用停车场和公共停车场。专用设备停车场是专门为居住区或企事业单位内部车辆停放所配建的，公共停车场则主要为社会车辆提供服务。根据所处位置，又可将停车设施分为 6 种类型：城市出入口停车设施、交通枢纽停车设施、大型集散场所停车设施、商业服务设施附近的社会公用停车设施、生活居住区停车设施、路边临时停车带。

1.停车场规模

规划停车场的建设水平和目标时，应综合考虑城市规模、中心商业区吸引力强弱、城市土地利用情况、汽车保有情况、城市公共交通服务水平、城市停车控制方法等影响城市停车需求的众多因素。城市规划期末的汽车总数可根据目前全市机动车拥有量，按年增长率来估算。

规划中对停车场用地（包括绿化、出入口通道及某些附属管理设施的用地）进行估算时，每辆车的用地可参考如下指标：小汽车为 30—50 平方米，大型车辆为 70—100 平方米，自行车为 1.5—1.8 平方米。根据我国城市道路交通规划设计规范的规定，城市公共停车场用地总面积应按规划城市人口每人 0.8—1 平方米计算，其中机动车停车场用地为 80%—90%，自行车停车场用地为 10%—20%。

2. 停车场分布

停车场的分布应参考交通汇集处的位置，根据不同类型车辆的不同要求来规划。城市外来机动车公共停车场主要为过境的和到城市来装货物的机动车服务，应设置在城市外围靠近城市对外道路的出入口附近，尽量减少车辆进入市内，其车位数约占城市全部停车位的 5%—10%。市内机动车公共停车场主要用于本市和外来的客运车辆在市中心区和分区中心地区的停车需求，应占全部停车位的 50%—70%。市内自行车公共停车场主要为本市自行车服务，应结合各种公共建筑、站场、公共绿地等进行布置，规模视建筑的性质而定。

公共停车场的设置要与公共建筑的布置相配合，应尽量缩短停车地点到目的地的步行距离。机动车公共停车场的服务半径，在市中心地区不应大于 200 米，一般地区不应大于 300 米；自行车公共停车场的服务半径宜为 50—100 米，不得大于 200 米。城市公共停车场通常又分为外来机动车公共停车场、城市中心区公共停车场、结合交通枢纽布置的停车场、大型公共建筑附属停车场等类型。

二、机动车停车场

机动车停车场应按照城市规划确定的规模、用地、城市道路连接方式等，根据停车设施的性质进行总体布置。总体上应以占地面积小、疏散方便、保证安全为原则。

机动车停车场可分为路边停车带和路外停车场（库）两大类。路边停车带一般设置在车行道旁或路边，多为短时停车，因此通常采用单边单排的港湾式停车，不专设通道，一般为 16—20 平方米／停车位。路外停车场包括道路用地以外设置的露天地面停车场和室内停车库，露天停车场为 25—30 平方米／停车位，室内停车库为 30—35 平方米／停车位。

机动车停车场的出入口应有良好的视野，不宜设在主干路上，也不得设在人行横道、公共交通停靠站以及桥隧引道处，可设在次干路或支路上并远离道路交叉口。停车场出入口距离人行过街天桥、地道、桥梁、隧道引道须大于 50 米；距离交叉路口须大于 80 米。机动车停车场车位指标大于 50 个时，出入口不得少于 2 个；大于 500 个时，出入口不得少于 3 个。停车场出入口宽度不得小于 7 米，出入口之间的净距须大于 10 米。

三、非机动车停车场

非机动车停车场通常按规划要求就近布置在大型公共建筑附近，应尽可能利用人流较少的旁街支巷口、附近空地或建筑物内部空间（地面或地下）分散或集中地布置。停车地点与出行目的地之间的距离一般不超过 100 米。

非机动车停车场的规划应以出入方便为原则，通常不设在交叉路口附近，出入口应不少于 2 个，出入口宽度应满足两辆车同时进出，一般为 2.5—3.5 米。非机动车停车场内的停车区应分组安排，每组长度以 15—20 米为宜。

第四节　城市公共交通系统

城市公共交通方式包括公共汽车、无轨电车、有轨电车、快速轨道交通及城市水上交通。城市公共交通通过综合调配社会交通资源，保障每一位公民平等的出行和移动机会。在载客量方面，公交车分别是自行车的 100 倍和小汽车的 30 倍，具有更高的运输效率。在空间占用方面，20 辆自行车与 3 辆小汽车、1 辆公交车相同，公共交通所需的停车场比私人交通要少得多。在人均能源消耗方面，公共交通工具比私人小汽车也节约很多。

一、公共交通的布局要求

我国城市人口较多、空间布局集中紧凑，居民的生活活动都集中于市区，为发展公共交通提供了良好的客运条件。公共交通系统的规划布局包括公共交通线路网与公共交通站点两方面。城市公共交通线路网的规划须将市区线、近郊线、远郊线紧密衔接，主要的大客流应使用最直接的街道线路，减少不必要的迂回，并通过中途换乘满足次要客流的需求。公共交通线路网的密度反映了居民接近线路的程度，市中心规划的公共交通线路网密度一般要求达到 3—4 千米／平方千米，城市边缘区应达到 2—2.5 千米／平方千米。公交站点的布置应尽可能接近居住区和主要的活动场所，为了方便换乘，最好布置在交叉口附近。公共交通车站的服务半径应达到

300—500 米，市中心可选取较小的车站间隔距离，而城市郊区为保证一定的车速，车站间隔距离可稍大。

二、公共交通与其他交通方式的衔接

公共交通是为一定范围服务的，不能完成点对点的交通出行，因此，公共交通与其他交通方式的衔接是非常重要的问题，即"最后一公里"的设计是公共交通系统规划中的关键点之一。

1. 与步行系统的衔接

以步行与公共交通结合的方式完成的一次出行，需通过步行完成到站、候车、乘车、换乘、移动到目的地等诸多环节，步行时间占出行总时间的比例很大，因此，改善步行条件有助于提高公共交通的服务水平。公交站距是根据 500 米的合理步行距离来设定的。连接各种公共交通站点的步行道可结合城市步行系统来设置，应基于居民的出行需求，结合公共交通的换乘方式统一考虑。同时，还需重点关注步行系统的舒适性和安全性。构筑物、植被等遮阴设施可消除气候对行人的影响，斑马线、安全岛等道路安全设施可增加步行系统的安全性。

2. 与自行车系统的衔接

自行车客流的来源一般在距车站 500—2000 米的范围内。各类公共交通站点处应设置自行车停车场，可将城市公共自行车租借点结合公共交通站点来布置，以方便自行车与公共交通的换乘。

3. 与小汽车系统的衔接

为提高公共交通的客流量，减少城市道路交通压力，鼓励绿色健康的出行方式，小汽车与公共交通的换乘也是公共交通系统规划设计需要考虑的重要方面。尤其是在城市中心区等交通密集的区域，发展停车换乘系统（Park and Ride，P+R）是解决交通拥堵问题的有效方式。停车换乘系统是指在公共交通站点附近设置低价收费或免费的停车场，引导乘客换乘公共交通进入城市中心区，以减少私人小汽车在城市中心区域的使用，缓解中心区域交通压力。

三、公共交通导向开发（TOD）

公共交通导向开发（Transit-oriented development, TOD）的概念是在 20 世纪 90

年代由美国建筑师和规划师彼得·卡尔索普（Peter Calthorpe）提出的。该理念与新城市主义、新传统社区、精明增长等理论和思想同时出现，是新传统主义（Neo-traditional）规划思潮的具体体现。公共交通导向开发是将城市设计、城市开发与交通运输结合在一起而产生的概念，这种规划模式的目的是鼓励家庭以步行、自行车及公共交通取代小汽车。公共交通导向开发模式提倡在已有的或规划中的区域公共交通站点周围进行土地开发，涉及的公共交通类型包括轻轨、地铁、快速公共交通（BRT）以及常规公共交通等。

典型的 TOD 布局由公交站点、核心商业区、办公区、开放空间、居住区、次级区域（Secondary Area）构成，规模为以公交站点为中心，400—800 米半径内的范围，即步行 5—10 分钟的范围。核心商业区通常紧邻站点，鼓励核心商业区实行商住混合开发，成为全天候的公共活动中心。公交站点附近可布置开放空间，包括公园、广场、绿地等。开放空间不仅为人们提供了良好的交往空间，同时也起到社区集会中心的重要作用。TOD 布局内部的各项功能均围绕开放空间展开，如公共设施、居住区。TOD 布局区域的外围为次级区域，是不适于在 TOD 布局区域内部发展但仍需要的用地类型，密度相对较低，更适合不愿意放弃以小汽车作为主要出行方式的人们（图 5-2）。

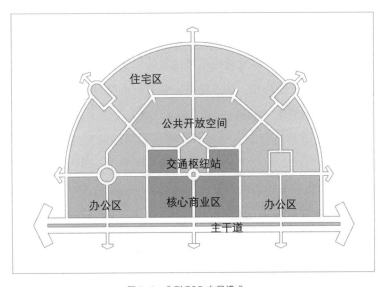

图 5-2 典型 TOD 布局模式

公共交通导向开发模式是一种有别于传统以小汽车交通为导向的城市交通系统的新的城市基本构成方式。在新建、改建等地区发展由多个 TOD 布局组成的网络化用地模式，可极大地加强整个区域内公共交通系统的使用效率。

TOD 布局的设计原则是较高的密度、多样化的用地安排及人性化的环境设计。该布局方式倡导紧凑型、高密度及混合功能的土地使用，并且力求为多层次的人群提供多样性的选择，如提供多种价格、密度的住宅。在 TOD 布局的中心，通过设计高质量的商业核心区和开放空间，发展公交站点周围用地成为人们活动的中心，可以提高城市的凝聚力。同时，促使公交站点成为一个具有多种功能的空间，增强其吸引力，也有助于提高公共交通的利用效率。TOD 布局内部的道路系统应尽量采用方格网形式，利用短捷直接的道路实现各个功能区之间便捷的联系，避免迂回曲折的道路线形同时，还应考虑为步行及自行车交通提供舒适的环境，以及为小汽车的使用者创造多种选择路线。总之，TOD 布局模式更便于营造符合行人心理感受的街道空间尺度，有助于通过精细化设计提升区域的文化氛围和地区归属感，复兴社区活力。

第五节 城市慢行系统

城市慢行系统包括步行、自行车等以人力为动力的城市交通方式。慢行系统灵活性高、适应性强，是城市交通中不可或缺的组成部分，承担了大量的城市交通流，可作为机动车交通的补充。除了能够完成点对点交通，慢行系统还是城市生活的一部分，集商业、休闲、交流、交通功能于一体。

慢行交通，无论是自行车还是步行，均是不消耗能源、无污染的绿色交通方式。发展慢行交通对改善空气质量、减缓全球气候变化、降低能源依赖等方面具有重要意义。另外，自行车作为慢行交通的种类之一，有助于节约城市用地，减少交通拥堵。一条3.5米宽的道路，利用自行车与利用小汽车可运送人数的比值为5∶1，停放1辆小汽车的空间可供10辆自行车停放，而小汽车实际载客量为1.5人/辆。同时，慢行交通对人类身体健康、街区生活氛围、城市环境品质等方面也都具有积极作用。

慢行交通的特征决定了其在城市交通系统中主要发挥两种交通功能：第一，作为短距离出行的主要交通方式。步行出行时间在 10 分钟之内，出行距离在 1 千米之内；自行车出行时间在 30 分钟之内，出行距离在 5 千米之内。第二，完成公共交通的接驳。步行 / 自行车 + 公共交通的组合模式可满足较长距离的出行需求。

一、城市自行车系统

自行车无污染、节能，是最基本的绿色交通方式，亦可作为一种健康自然的运动方式。自行车交通在路线选择方面具有很强的灵活性，停靠方便、受限制少，能实现点对点的交通；缺点是行驶速度较慢（约为 10—20 千米 / 小时），出行距离相对较短，且容易受到地形、气候等自然条件的限制。

自行车曾经是我国市民出行最主要的交通方式。但是，近年来由于机动车数量增长迅速，许多城市在道路设计时只考虑机动车交通的需求，自行车的路权被逐渐蚕食，城市交通越来越不适合自行车通行。自行车交通逐渐衰败的原因大致包括安全、距离以及舒适三个方面。车速越来越高、街道宽度大、交叉口交通复杂、机动车路边停车等问题造成城市机动车与非机动车之间的矛盾愈加严重，自行车出行的安全性大大降低。同时，城市空间不断扩展，出行距离增长，自行车交通不再能满足出行需求。自行车车道、停车场等自行车专用空间设计欠缺，夜间照明不足、夏日道路遮阴不足、冬日路面除冰不及时等问题均降低了自行车出行的舒适性。因此，发展自行车交通需要从提升自行车交通的安全性、便利性和舒适性方面做起，具体包括自行车专用道和停车场等设施的修建和维护、自行车交通标志的设置、自行车与公共交通换乘的便利性，以及自行车道的道路照明、绿化遮阴和景观设计等内容。

1. 自行车交通网络构建

自行车交通规划历来受到世界各国城市的关注，发展较好的城市有丹麦的哥本哈根、荷兰的代尔夫特和美国的纽约等。尽管每个城市的空间形态、路网密度和非机动车流量等方面都存在明显差异，但这些城市自行车路网规划中的政策优先、定位明确、级配分明、主次搭配、路权合理等理念对我国城市自行车网络的规划与改善仍有一定的借鉴意义。

进行城市自行车系统规划，首先要合理建构城市自行车交通网络。为保证自行车行车安全、提高机动车交通效率，宜采取机非分行的交通组织方式。对自行车交通系统，应进行道路网络规划，形成连续的自行车行驶空间。由于自行车的最佳活动范围在3—4千米，不适合长距离出行，宜将城市划分为若干个自行车交通分区，自行车交通系统以城市分区内的网络构建为主，充分发挥自行车交通近距离出行的优势。城市级自行车道路可少量设置，跨分区的联系尽量以自行车与公共交通组合的方式为主。在分区内组织自行车交通，应充分利用城市道路中的自行车车道及独立的自行车道路，增加自行车路网密度，并注重提高路网的连通性。

同时，还应根据自行车道路在规划范围内所处的位置、功能、服务对象、出行特征等对其进行分级，形成层次清晰、等级分明、结构完善的自行车系统。自行车道路通常分为四种类型：城市级自行车道路、分区级自行车道路、社区级自行车道路，有条件的地区还可设置自行车休闲道路。城市级自行车道路用于连接城市主要的活动中心，比如大学、火车站、公交车站、办公和工业区以及一些文体娱乐设施；分区级自行车道路主要用于连接分区内的设施，如学校、商店等，它同时也是汇集社区级自行车流量的道路系统；社区级自行车道路主要用于连接社区及相应的设施等。荷兰的代尔夫特在城市自行车网络建设方面十分领先，其分级方式为400—600米间隔的城市级网络、200—300米间隔的分区级网络以及10—150米间隔的社区级网络。

2. 自行车道路设计

自行车道路从形式上可划分为自行车专用路、自行车车道与自行车共用车道三种类型，它们共同组成了城市的自行车交通网络。自行车专用路是专门供自行车使用的道路，可保证自行车交通与机动车交通的分离，应接近商业服务中心和游憩地，其两侧用地不宜布置吸引大量机动车流的功能。自行车专用路要与其他自行车道路联系通畅，路面应平坦、坡度小，规划时需注意绿化遮阴、景观设计以及街道照明等细节。自行车专用路的车道断面宽度一般在6.5米左右，必要时可增加到7.5米。

自行车车道指城市道路断面上单独设置的自行车车道，一般出现在三块板或四块板的道路断面形式中，并通过分隔带与机动车道形成隔离。自行车车道的宽度一般单向在4.5—6米之间，特别重要的干道上可增加到8米，在交叉口附近也可适当放宽。

自行车共用车道指自行车与行人或其他车辆共享的车道，多出现在一块板的道路断面形式中，宽度单向 3—4 米。

二、城市步行系统

步行是一种绿色、健康的出行方式，城市步行系统在节能减排、疏解交通、促进人际交往以及城市中心区复兴等方面都具有重要的价值。步行系统与自行车系统、小汽车系统、公共汽车系统、轨道交通系统都是城市交通系统的重要组成部分。

1. 步行系统与机动车交通

维护步行交通与机动车交通之间良好的关系是塑造安全的步行环境的重要内容，其中包含"人车分流"与"街道共享"两种思路。人车分流指将道路上的人流与车流完全分隔开，互不干扰地各行其道，以 20 世纪初的雷德伯恩（Radburn）居住区和邻里单位（neighbourhood unit）模式为代表。街道共享理念源自 1970 年代荷兰出现的活力街道（Woonerf）。它基于机动车、行人、自行车等出行方式平等共享街道或广场空间的设计理念，也被称作"生活化道路"。这种道路上不设交通信号灯、停车标志，甚至没有路缘石和人行横道线等交通控制符号，仅通过较窄的街道宽度、减速垄、车速限制等方式进行调节，目的是使交通参与者主动兼顾道路上的其他交通方式，提高交通安全警觉。

2. 步行系统的立体化发展

步行系统主要由人行道、人行横道、人行天桥和地道、步行林荫道、步行街、步行区、广场以及居住区内的步行景观道组成，大致可分为空中步行系统、地面步行系统和地下步行系统三种类型。设计时应以地面步行系统为基础，结合交通设施和商业设施，将地上、地面和地下的分散节点贯穿起来，形成"连廊经济"，促进城市步行系统形成连续的网络，实现经济效益最大化，为城市增添活力。在具体建设中，城市立体步行交通系统应重点考虑空间布局、环境细节处理、设施配置等内容，尽量维护原有步行道的脉络肌理和空间环境，促使新增步道与原有步行系统相互协调。此外，应考虑通过加强立体步行空间与交通枢纽的衔接，实现步行与其他交通方式、交通功能的有序转换，通过利用大运量快速公共交通连接各枢纽节点，建立高效的城市交通网络。

3. 城市步行系统设计要点

适宜的城市步行系统一般具有安全、方便、多样、连续、舒适等属性。

① 安全性，主要包括交通安全与社会安全，是步行交通最基本的需求。交通安全是指通过对机动车的限制和步行道路自身的设计来保护行人安全。例如，根据交通稳静化（traffic calming）策略，可通过设置较窄的道路、减速垄和交叉口限速等措施来限制机动车的速度，还可通过设置安全岛、增加步行道高度和宽度、在步行道与车行道间设置隔离带等措施来保证行人安全。人行道的设计应保持适度的宽度、较好的质量和连续性。一般而言，人行道应保证至少可供 2 人并排通行，路面应该相对平整，没有坑洼、凸起或其他的障碍物。社会安全是指保证步行道路不受社会犯罪影响。步行道应设置在与生活、休闲、娱乐等功能用地临近的活跃地带，避免设置于偏远地带，且步行道路应保证行人视线通畅和夜间照明有效，两侧不宜设置连续遮挡视线的构筑物或茂密植物。

② 方便性，即通过保证步行系统与公共汽车、电车、地铁、火车等其他交通方式的便捷联系，实现一定区域内部的步行可达性和较大区域的外部交通便捷性。这就要求城市步行系统以公共交通枢纽和地铁站为中心，以 400—800 米（5—10 分钟步行路程）为半径，辅助建立集居住、商业、工作、文化教育等功能为一体的综合区域，并与火车站和飞机场形成便捷联系。

③ 多样性要求步行系统所覆盖的区域尽量混合多种用地功能，如居住、商业、休闲、娱乐等，从而保证步行系统服务功能的多样性。在步行系统中，通常 10 分钟左右的步行距离即可到达大部分本地公共空间，满足了本地居民对公共设施的使用需求。

④ 连续性是指步行路径应形成具有良好连通性的网络。在具体设计中，一般贯彻"窄路密网"的原则，通过小尺度街区和高密度的道路交叉口保证步行路径的连通性。同时，还应避免尽端路、死胡同、铁路、高压走廊、高速公路等因素对步行系统的干扰。对已经形成的障碍，可以采取建立人行天桥、地下通道或设置安全岛等交通稳静化设施的方式处理。废弃的工厂、铁路、高速路可以改造为步行景观道，断头路连接起来也可以并入连续的步行系统。

⑤ 舒适性是指步行系统应该为不同年龄段、不同体能的行人提供舒适和安全的环境。以环境舒适宜人为准则，步行路径的宽度、铺装、景观、标识和照明等内

容应该更多地考虑人的行为和心理需求。气候和地形条件是影响步行舒适性的重要因素，比如在寒冷地区，考虑到冬季寒风和冰雪的影响，应注意步行道的防风和防滑。步行系统的设计还需注重步行通道的景观环境建设，可利用公园、广场、林荫步道等绿化方式，结合景观小品、雕塑、无障碍设施和照明设施等的设计，营造美观、宜人、独具特色的步行环境。

第六节　城市对外交通系统

城市对外交通是连接城市与其外部区域的各类交通运输方式的总称，包括铁路、公路、水道、航空等。城市对外交通系统应根据各种交通方式的技术运营特点、货流情况和地区条件，综合规划。其布局的基本原则包括：

第一，各类对外交通运输设施应根据联运要求布局，以便于水、陆、空各种运输方式的综合组织。

第二，各种对外交通运输方式的客运部分应靠近城市市区，以方便与相关功能区和城市道路之间的联系，同时也要注意避免大量聚集的人流对城市的交通产生影响。

第三，对外交通站场与城市交通性干道系统应密切联系，利用干道把城市大量货流集散点（如工业区、仓库区、货站、码头等）串联起来，可有效提高市内交通与对外交通的运输效率。

第四，对外交通运输设施的布局与城市功能布局应密切配合，尽量减少对外交通对城市的干扰。

城市对外交通线路和设施的布局直接影响城市的干道走向、环境及景观规划等，对城市总体布局有着举足轻重的作用。

一、铁路的布局

铁路是城市对外交通的重要工具。城市范围内的铁路建筑和设施基本上可归纳为两类：一类是与城市生产和生活有直接关系的客货运设施，如客运站、综合性货运站及货场等，它们应依据性质分布在市区或城市中心区附近。另一类是与城市生产和生活没有直接关系的技术设备，如编组站、客车整备场、迂回线等。在满足铁路技术要求的前提下，应配合铁路枢纽总体规划，尽可能将技术设备布置在离城市外围有一定距离的地方。在铁路的布局中，站场位置起着主导作用，线路的走向是根据站场与站场、站场与服务地区之间的联系需要而确定的。站场的位置和数量与城市的性质、规模，铁路运输的性质、流量、方向，自然地形的特点，以及城市总体布局等因素有关。

铁路客运站的设置应尽量方便旅客，力求提高铁路运输效能，并与城市总体布局有机结合。铁路客运站应靠近市中心，且必须与城市主干道连接，方便通达市中心及其他联运点（车站、码头等）。为方便旅客，避免交通性干道与车站站前广场的互相干扰，可将地下铁道直接引进客运站或将客运站深入市中心地下，尽量将铁路、地铁、公交终点站及相关服务设施集中布置在一起。客运站作为城市的门户，是城市景观风貌的重要载体，必须与周围的城市公共建筑有机结合，统一考虑。目前，我国大部分城市只设一个客运站，但如果城市规模过大，或者自然地形导致城市布局分散，则可设置多个客运站。法国首都巴黎就设有 6 个火车站，包括蒙帕那斯车站、萨拉扎尔车站、里昂车站、北站、东站、奥斯德利兹车站。

小城市一般设置一个综合性货运站和货场即可满足货运需求，大城市则要根据城市的性质、规模、运输量以及总体布局等情况，分设若干综合型、专业型或综合型与专业型相结合的货运站。其位置选择既要满足货运的经济性、合理性要求，也要尽量减少对城市的干扰。中间站是一种客货合一的车站，一般设在小城镇，其选址与货场的位置有密切关系。为了避免切割城市，铁路最好从城市边缘通过，并且客运站与货场应尽量布置在城市一侧。货场的设置应接近工业、仓储区，客运站应位于居住用地一侧，车站、货场之间还应留有发展余地。

二、公路的布局

公路按照重要程度可分为国道（国家级干线公路）、省道（省级干线公路）、县道（联系各乡镇）三级，按照设计等级标准又可分为高速公路和一至四级公路。公路与城市的连接方式一般有以下三种：

① 公路沿城市边缘或外围通过。此方式常用于高等级的公路（如高速公路）通过规模较小的城市时，公路与城市间相互干扰较少。但随着城市的扩展，某些城市

用地可能会跨越公路发展，导致公路横穿城市的情况。

　　② 公路与城市环状干道连接。城市规模达到一定程度，并在许多方位设有对外公路时常采用此方式。某些特大城市会随着城市用地的扩展形成两个以上的圈层，外围环路负责联系与各对外公路之间的交通，内侧环路主要联系城市中的各部分功能区。其优点是可避免大量过境交通进入城市中心区，缺点是过境交通绕行路较长。

　　③ 公路在城市组团间穿过。当城市因为地形或历史原因无法形成环路等过境交通专用道时可采用此方式。这种连接方式的特点是公路与城市道路系统相互独立，两套系统之间采用分离式立交，仅在必要的少量地点设置公路与城市道路的连接点。

　　我国的高速公路通常在中央设分隔带，使车辆分向安全行驶，线路交叉时多采用立体交叉并控制出入口，有完善的安全防护措施，是供高速行驶（80—120 千米 / 小时）的汽车专用道。其布置应尽量远离市区，但须设置与市区联系的专用通道，也可采用有效控制的互通式立体交叉。

　　公路车站又称长途汽车站，其位置选择对城市布局有很大影响。公路车站既要使用方便，又不能影响城市的生产和生活，还要与铁路车站、港区码头有较好的联系，以便于组织联运。铁路交通量不大的中小城市可将长途汽车站与铁路车站结合布置。客运量大、线路方向多、车辆多的大城市可在城市中心区或其边缘设置多个客运站。

三、机场的布置

　　机场的选址关系到城市的社会、经济、环境效益，必须有预见性的、全面的考虑各方面影响因素，尽量避开城市用地的主要发展方向，这样既为机场本身建设留有了充足的备用地，又不会为城市未来发展造成阻碍。机场位置的确定须综合考虑地形地貌、地质水文、气象条件、噪声干扰、净空限制、城市布局形态等诸多因素，慎重选择。

　　从净空角度看，机场跑道轴线方向应尽量避免穿过城市市区，最好在城市侧面相切的位置，跑道中心线与城市市区边缘最小距离为5—7 千米即可。若跑道中线通过城市，则跑道靠近城市的一端与市区边缘距离至少要达到15 千米以上。

　　从噪声角度看，其强度的分布是沿着跑道轴线（或航线）方向扩展的，跑道侧面的噪声影响范围远比轴线方向小得多。因此，居住区等城市生活区应尽量避免布置在机场跑道轴线方向，且居住区边缘与跑道侧面的距离最好在 5 千米以上。

考虑到机场与城市的功能联系，其选址也不宜远离城市，应在合理的范围内，适当靠近城市。机场到城市的交通时间控制在 30 分钟以内较为合理。航空港与城市边缘的距离通常在 10—30 千米的范围内。

以一个城市为中心设置多座机场时，应考虑空域交叉干扰的问题，注意保持一定距离，合理布局。一些航空交通量较小的城市，不足以单独设置机场时，可考虑与相邻城市共用。

四、港口的布置

港口是货物和旅客由陆路进入水路运输系统或由水路运输转向陆路运输的接口。港口分为水域和陆域两部分。水域承载着船舶的航行、运转、停泊、水上装卸等作业活动，要求有一定的水深和面积，且风平浪静。陆域是供旅客上下和货物的装卸、存放、转载等作业活动使用的空间，要求有一定的岸线长度、纵深和高程。港口布置应充分考虑其与城市总体布局以及城市道路交通系统之间的联系，具体措施包括：

① 港口建设应与区域交通综合考虑，港口规模大小与其腹地服务范围及输运条件密切相关。

② 港口建设与工业发展有着密切关系，我国许多工业沿河而建。因此，将港口与工业相结合进行整体布局势在必行。

③ 要合理进行岸线分配和作业区布置。分配岸线应遵循"深水深用，浅水浅用，避免干扰，各得其所"的原则。

④ 加强水陆联运的组织。

第六章 | Chapter 6
城市基础设施

第一节　城市基础设施系统的构成及规划要求

基础设施（Infrastructure）泛指由国家或各公益机构建设经营，为社会生活和物质生产提供基本服务的一般条件的非营利行业和设施，是城市赖以生存和发展的基础。基础设施不直接创造最终产品，但却是社会发展不可缺少的一部分。根据我国《城市规划基本术语标准》对城市基础设施的定义，广义的城市基础设施主要包括工程性基础设施与社会性基础设施两大类。前者主要包括城市道路交通系统、给水排水系统、通信工程系统、环境卫生系统、能源供给系统以及城市防灾系统等，又称狭义的城市基础设施。后者包括行政管理、基础性商业服务、文化体育、医疗卫生、教育科研、宗教、社会福利、住房保障等。城市基础设施渗透于城市社会生活的各个方面，对城市的存在和发展起着重要作用。

近年来，随着经济的发展和生活水平的提高，人们对生活质量、工作效率的要求日益突出，对资源、环境等有了更加深刻的认识，可持续发展逐渐成为社会各界的共识，基础设施也已被列为国民经济建设的重点内容。本章仅针对工程性基础设施中的给水排水系统、通信工程系统、环境卫生系统、能源供给系统等进行论述，有关道路交通、公园绿地、城市防灾的内容将在其他章节单独阐述。

一、城市基础设施工程系统的构成

城市基础设施工程系统规划是指针对城市工程性基础设施所做的规划，是城市规划中专业规划的组成部分，是单系统（如城市给水系统）的工程规划，具体包括：交通工程、给水排水工程、能源工程、通信工程、环境卫生工程、防灾工程、工程管线综合规划。

① 城市交通工程包括航空交通、水运交通、轨道交通、道路交通等四个分项工程，涉及城市对外交通和内部交通两大功能，承担着保障城市日常的内外客运交通、货物运输、居民出行等活动的功能。

② 给水排水工程。给水工程是集取天然的地表水或地下水，经过一定的处理，使之符合居民生活饮用水及工业生产用水的标准，并用经济合理的输配方法输送给各种用户，由城市取水工程、净水工程、输配水工程等构成。排水工程是将城市污水、降水有组织地排除与处理的工程，由雨水排放、污水处理与排放工程等构成。二者共同承担供给城市各类用水，排涝除渍，治污环保的职能。

③ 城市能源工程包括供电工程、燃气工程、供热工程，承担着供给城市高能、高效、卫生、可靠的电力、燃气等清洁能源和集中供热的职能。其中，供电工程由城市电源工程、输配电网络工程等构成，燃气工程由燃气气源工程、储气工程、输配气管网工程等构成，供热工程由供热热源工程、传热管网工程等构成。

④ 城市通信工程由邮政、电信、广播、电视四个分项工程构成，担负着城市中的信息交流、物品传递等职能。

⑤ 城市环境卫生工程包括城市垃圾处理厂（场）、垃圾填埋场、垃圾收集站和转运站、垃圾车辆清洗场、环卫车辆场、公共厕所，以及城市环境卫生管理设施的建设。其功能是收集与处理城市中的各种废弃物，并综合利用、变废为宝，从而达到清洁市容、净化城市环境的目的。

⑥ 城市防灾工程主要包括城市消防工程、防洪（潮、汛）工程、抗震工程、防空袭工程及救灾生命线系统工程等内容，担负着防抗自然灾害和人为灾害，减少灾害损失，保障城市安全等职能。

⑦ 城市工程管线综合规划根据其任务和主要内容分为规划综合、初步设计综合、施工图详细检查阶段三个阶段。规划综合对应城市总体规划阶段，主要协调各工程系统中的干线在平面布局上的问题，如各工程系统的干管有无冲突，是否过分集中在某条城市道路上等。初步设计综合对应城市规划的详细规划阶段，主要确定各种工程管线的平面位置、竖向标高，检验管线之间的水平间距及垂直间距是否符合规范要求、管道交叉处是否存在矛盾。检验的结果及修改建议应综合整理并反馈至各单项工程管线的初步设计部门，有时甚至需要提出对道路断面的设计修改要求。初步设计综合阶段完成的各项管线工程施工详图须进行详细核查。

二、城市基础设施工程规划的目标

城市基础设施工程系统规划应科学、合理、有序地指导各项设施的建设，并有利于各专业工程之间的协调建设。对其具体要求主要包括：

① 调查研究各项城市基础设施的现状和发展前景，抓住主要矛盾和问题，制定解决问题的对策和措施。

② 明确城市基础设施工程系统的发展目标与规模，统筹各专业工程系统的建设，制订分期建设计划，服务于建设项目的落实和筹建。

③ 合理布局各项工程设施，最大限度利用现有设施，并尽早预留和控制发展项目的建设用地和空间环境。

④ 对建设地区的工程设施进行详细规划和具体布置，作为工程设计的依据，有效指导工程设施的建设。

⑤ 进行城市工程管线综合规划和建设用地竖向工程规划，协调各项城市基础设施建设，合理利用城市空中、地面、地下等各种空间，确保各种工程设施和工程管线安全畅通。

三、城市基础设施工程规划的方式与过程

编制城市基础设施工程规划时，既可横向展开，又可纵向深入。纵向深入，即与各阶段的城市规划（城市总体规划、分区规划、详细规划）同步进行，在不同层面上与各阶段的城市规划融为一体。横向展开，即依据城市发展总目标，从确定本专业工程系统的发展目标、主体设施与网络总体布局，到具体的工程设施与管网的建设规划，形成单系统的工程规划。横向展开的城市基础设施工程规划可视为将各阶段城市规划中的单系统工程规划进行纵向串联而成。此外，为保证城市基础设施协调、同步建设，需要将各单项系统工程规划合并为整体的城市基础设施工程规划。

城市基础设施工程规划属于工程技术范畴，其规划设计及控制需要逻辑思考及量化分析。规划的具体工作流程从现状分析开始，先做负荷预测，并据此进行市政基础设施的源、场站及管网的规划。现状资料分析是城市工程系统规划的基础。根据所收集资料的性质和专业类别，可将其分为自然资料、城市现状与规划资料、专业工程资料等。

源的规划是对城市工程系统规划涉及的各种支撑城市正常运转的流的规划，如

能量流（电力、燃气、供热）、水流（自来水、污水、雨水）、信息流（电信）。这些流的源既包括各种流入的源头，比如自来水厂、变电站、燃气站等，也包括控制流流出的源头，比如污水处理场（站）、雨污水受纳水体或者用地。源的规划是城市工程系统规划特别是总体规划中的重要内容。

场站规划是指确定城市工程系统中各类市政设施及其用地界线，包括电力设施（发电厂、变电站、开关房）、环卫设施（垃圾转运站、污水泵站）、电信设施（电话局、邮政局）、燃气设施（调压站、储配站）、供热设施（热电厂、锅炉房）的规划容量、占地面积等。

管线规划指工程管线的走向、管径等管线要素的规划，需明确各条管线所占空间位置及相互的空间关系，减少建设中的矛盾。

第二节　我国城市基础设施规划的发展趋势

近年来，中国的城市基础设施工程规划正在向区域整体性、动态持续性、产业经营性方向发展，并开始探讨从城市所处区域的具体情况出发进行以水系统、交通系统、电力系统、通信系统为代表的基础设施综合规划，力求通过协调使各个基础设施系统在规划层次和时间阶段上达到协同规划、同步建设的目标。针对城市建设中不断出现的新问题，应结合新技术、新方法及时制定具有弹性和适应性的可持续规划策略，以更好地为城市基础设施发展提供技术支持。同时，规划者还应积极探讨基础设施发展的产业经营策略，对允许经营的基础设施采取 PPP（Public-Private-Partnership）模式管理，鼓励私营企业、民营资本与政府合作，参与公共基础设施的建设。随着我国经济、社会的快速发展，城市基础设施建设一方面需要完善既有的工程系统规划，比如借鉴发达国家基础设施工程系统的建设经验，在一些具备条件的地区开展地下城市管道综合走廊，即综合管廊建设。另一方面，基于全球范围内的生态危机，绿色、生态、环保理念开始应用于城市建设的各个方面，城市基础设施规划的理论研究和实践范畴也在不断扩大，并开始引入绿色、生态等概念。绿色基础设施概念对相关学术研究和城市建设领域的影响正逐渐深入，并具备十分广阔的应用前景。

一、城市综合管廊

城市综合管廊即地下城市管道综合走廊，是建于城市地下用于容纳两类及以上城市工程管线的构筑物及附属设施。综合管廊通过在城市地下建造一个隧道空间，将电力、通讯、燃气、供热、给排水等各种工程管线集于一体，并设有专门的检修口、吊装口和监测系统，实施统一规划、设计、建设和管理，是保障城市运行的重要基础设施，也被称为城市的"生命线"。

综合管廊也称"共同沟"，在发达国家已经存在了一个多世纪，其系统日趋完善的同时规模也有越来越大的趋势。早在 1833 年，巴黎就为了解决地下管线的敷设问题和提高环境质量，开始兴建地下管线共同沟。如今巴黎已经建成总长度约 100 公里、系统较为完善的共同沟网络。此后，英国伦敦、德国汉堡、瑞典斯德哥尔摩等欧洲城市也相继开始建设地下共同沟。在亚洲，日本的地下综合管廊建设处于国际先进水平。到 1992 年，建设总长度已达 310 千米，并在 1995 年的阪神大地震中发挥了重要作用。我国的地下综合管廊建设起步较晚，主要集中在台湾、北京、上海等少数地区和城市，总体建设长度较短。目前，台湾地区地下综合管廊已有 300 多千米。2013 年以来，国务院先后印发了《国务院关于加强城市基础设施建设的意见》《国务院办公厅关于加强城市地下管线建设管理的指导意见》，部署开展城市地下综合管廊建设试点工作。

综合管廊可分为干线综合管廊、支线综合管廊及缆线管廊。其中，干线综合管廊一般采用独立分舱方式建设，用于容纳城市主干工程管线。支线综合管廊一般采用单舱或双舱方式建设，用于容纳城市配给工程管线。缆线管廊一般采用浅埋沟道方式建设，用于容纳电力电缆和通信线缆。缆线管廊设有可开启盖板，但内部空间不能满足人员正常通行要求。

综合管廊通过在地下集中设置各种管线，高效利用城市地下空间，避免维修时开挖道路，在保护管线的同时，起到了美化城市环境，提升防灾能力的作用。由于具有一次性投入高、盈利低的特征，应考虑城市经济水平，优先选择城市主干道、快速路作为建设综合管廊的空间载体。

综合管廊的规划设计首先需要考虑各类管线的相容性问题，应遵循相关设计规范和标准，避免管线交叉引起的火灾、爆炸等安全问题，比如燃气管线需要独设一室。规划者还需要重点关注外部灾害对综合管廊的不利影响，如地震、暴雨内涝对综合管廊内部结构、设施、管线的破坏，必须配置精密的监控仪器并采取有效的安全措施。此外，基于美化城市环境的需要，综合管廊露出地面的出入口、通风口、材料投入口等设施的设计应尽量美观。

在未来的城市建设中，综合管廊的规划设计还应结合先进的信息技术手段，探索 GIS（Geographic Information System，地理信息系统）、BIM（Building Information Modeling，建筑信息模型化）等技术在综合管廊工程设计中的应用。

二、绿色基础设施

绿色基础设施概念源于 1984 年联合国教科文组织在人与生物圈计划（MAB）中提出的生态基础设施（Ecological Infrastructure，简称 EI）概念。1990 年，美国马里兰州绿道运动中正式提出绿色基础设施概念（Green Infrastructure，简称 GI）。此概念于 1999 年被美国总统可持续发展委员确定为社区可持续发展的重要目标之一。生态基础设施和绿色基础设施在内涵上并无本质差别。

目前，绿色基础设施在国际上并没有形成公认的完整定义，但不同的组织和学者对其基本能够达成如下共识：绿色基础设施是由森林、水体、动植物栖息地、城市公园、绿地等组成的，是具有系统性、连接性的自然及人工的开放空间网络。绿色基础设施包含了从宏观到中微观不同尺度的内容（表 6-1）。绿色基础设施对生态城市的建设至关重要，具有系统性、多样性、连通性特征的绿色基础设施为生态城市的发展提供了宝贵的基础，有效地整合了城市公共和私有的开放空间资源，既保护了城市的土地资源，又为市民提供了良好的生活环境。

表 6-1　绿色基础设施的类型与功能

类型	内容	主要功能
宏观尺度	国家公园、区域绿道、森林、城市湿地、城市公园等	形成区域范围的生态网络，维护生态系统平衡
中观尺度	社区公园、绿地、私家花园、蓄水池等	形成街区内部的生态网络，融入区域、城市生态网
微观尺度	屋顶花园、空中花园、庭院绿化等	形成建筑个体生态因子，与街区生态网络直接联系

城市绿色基础设施规划的策略包括：

① 通过对城市内部和外部一定腹地的土地、植被、水文等资料进行收集、整理、分析，确定绿色基础设施的组成要素和空间格局。以绿色基础设施的现状为基础，采用保护和开发并行的策略，将区域绿道、城市公园、社区公园等不同尺度的要素进行连接，延续生态要素的生长过程，实现"绿色孤岛"向"绿色网络"的转变。

② 建立绿色基础设施的评价体系（Green Infrastructure Assessment，简称 GIA）。以景观生态学理念为指导，运用 3S（RS、GIS、GPS 统称 3S）空间分析技术，对组成城市绿色基础设施的要素进行数据叠加，从而确定绿色基础设施的枢纽和廊道。通过对枢纽和廊道的各类生态因子进行价值、风险和脆弱性评价，建立系统模型。美国马里兰州的绿色基础设施规划就是应用这一评价系统的典型代表。

③ 采用城市生态保护和修复、雨洪管理等绿色基础设施规划策略，增加城市绿量、改善城市景观结构布局，从生态规划角度应对全球气候变化。我国在一些地区推行的海绵城市建设就是可持续雨洪管理模式的重要体现。

第七章 | Chapter 7
城市居住区

第一节　居住区的基本知识

居住区是城乡居民定居生活的物质空间形态，是城市中住宅建筑布局相对集中的地区。居住区规划是对城市居住区的住宅、公共设施、公共绿地、室外环境、道路交通和市政公用设施所进行的综合性的具体安排。

一、居住区的类型

居住区类型划分有多种方式，主要涉及城乡区域范围、建设条件和住宅层数等因素。

根据城乡区域范围，可将居住区划分为城市居住区、乡村居住区、独立工矿企业和科研基地居住区。城市居住区在城市土地使用范围之内，是城市功能用地的有机组成部分，本章主要讨论的是城市居住区。乡村居住区指位于农村用地范围的居住区，如各种规模的村庄。独立工矿企业和科研基地居住区一般是为厂矿企业或重要基地的职工及其家属而建设的居住区。

根据建设条件，可将居住区划分为新建居住区和旧居住区。新建居住区一般按照城市居住区规划设计规范要求进行规划建设。旧居住区的规划往往面临比较复杂的问题，应根据城市历史格局、建筑风貌保护要求进行有机的更新改造，或者根据居民对生活环境的要求，结合实际情况进行必要的布局调整，在规划实施过程中还要解决居民的还迁、安置等问题。

根据建筑层数，可将居住区划分为低层居住区、多层居住区、高层居住区以及各种层数混合建设的居住区。不同建筑层数的居住区在空间形态塑造、景观环境设计、建设造价、投资回报等方面的特点也不相同。

二、居住区的规模

居住区规模包括人口规模和用地规模两个方面，一般以人口规模为主要标志。《城市居住区规划设计标准（GB 50180—2018）》根据居民在合理的步行距离内满足基本生活需求的原则，将居住区分为十五分钟生活圈居住区、十分钟生活圈居住区、五分钟生活圈居住区及居住街坊四级，各级标准控制规模应符合规定（表7-1）。

表 7-1　居住区分级控制规模

距离与规模	十五分钟生活圈居住区	十分钟生活圈居住区	五分钟生活圈居住区	居住街坊
步行距离（米）	800—1000	500	300	—
居住人口（人）	50000—100000	15000—25000	5000—12000	1000—3000
住宅数量（套）	17000—32000	5000—8000	1500—4000	300—1000

资料来源：城市居住区规划设计标准（GB 50180—2018）

十五分钟生活圈居住区，即以居民步行十五分钟可满足其物质与文化生活需求为原则划分的居住区范围，一般由城市干路或用地边界线围合，居住人口规模为50000—100000人（约17000—32000套住宅），是配套设施完善的地区。

十分钟生活圈居住区，即以居民步行十分钟可满足其基本物质与文化生活需求为原则划分的居住区范围，一般由城市干路、支路或用地边界线围合，居住人口规模为15000—25000人（约5000—8000套住宅），是配套设施齐全的地区。

五分钟生活圈居住区，即以居民步行五分钟可满足其基本生活需求为原则划分的居住区范围，一般由支路及上级城市道路或用地边界线围合，居住人口规模为5000—12000人（约1500—4000套住宅），是具备配套社区服务设施的地区。

居住街坊是由支路等级城市道路或用地边界线围合的住宅用地，居住人口规模为1000—3000人（约300—1000套住宅，用地面积2—4公顷），并配建有便民服务设施。

生活圈居住区是指一定空间范围内，由城市道路或用地边界围合而成的，住宅建筑相对集中的居住功能区域。通常，根据居住人口规模、行政管理分区等情况可以划定明确的居住空间边界，界内与居住功能不直接相关或是服务范围远大于本居住区的各类设施用地不计入居住区用地。居住街坊是居住区的基本生活单元，围合居住街坊的道路皆应为城市道路，且属于开放的支路网系统，不可封闭管理。

三、居住区功能与系统构成

居住区最主要的功能是满足居民的居住需求，并且在居者有其屋的基础上，提高居住环境的舒适度，即宜居性。居住区功能的规划要强调公共服务和基础设施的高效、自然生态环境的健康、人与人之间的和谐交流，同时还应该注意经济效益、社会公平以及对多样性的包容。

居住区的结构指居住区在空间上是如何组织成为系统的。居住区规划结构的选取首先取决于居住区的功能要求，而功能要求必须满足和符合居民的生活需要。居民在居住区内活动的规律和特点是居住区规划结构的决定因素，这是居住区规划以人为本的重要体现。在此基础上，居住区的整体道路交通系统（包括道路网形式、公共交通布局等）和居住区内公共服务设施的布置位置等也是影响居住区规划结构的两个重要方面。此外，居民行政管理体制、城市规模、自然地形特点和现状条件等对居住区规划结构也有一定的影响。

第二节　居住区规划设计

一、基本原则和要求

居住区规划设计应坚持以人为本的基本原则，遵循适用、经济、绿色、美观的建筑方针，并满足下列要求：

①应符合城市总体规划及控制性详细规划。

②应符合所在地气候特点与环境条件、经济社会发展水平和文化习俗。

③应遵循统一规划、合理布局，节约土地、因地制宜，配套建设、综合开发的原则。

④应为老年人、儿童、残疾人的生活和社会活动提供便利的条件和场所。

⑤应延续城市的历史文脉，保护历史文化遗产，并与传统风貌协调。

⑥应采用低影响开发的建设方式，并采取有效措施促进雨水的自然积存、自然渗透与自然净化。

⑦应符合城市设计对公共空间、建筑群体、园林景观、市政等环境设施的有关控制要求。

二、居住区空间布局结构

一般情况下，居住区包括住宅、配套设施、道路、绿地系统四个组成部分。其中，住宅和配套设施是居住区建设的核心因素，道路系统起着骨架作用，绿化系统是生态平衡因素、空间协调因素、视觉活跃因素。居住区规划的第一步应该是对空间结构进行组建，通过将四部分要素合理组合，确定基本布局和空间形态。规划者应根据居住区的组织结构、功能要求、用地条件等因素，综合考虑路网结构、公建与住宅布局、群体组合、绿地系统及空间环境等的内在联系，使其构成一个完善的、相对独立的有机整体。受建筑形态、建筑布局、空间构成、地形变化等影响，居住区的空间结构有多种不同形式，其布局形态包括向心式、轴线式、自由式、集约式等。

① 向心式布局，即将一定空间要素围绕占主导地位的要素组合排列，表现出强烈的向心性，易于形成中心。

② 轴线式布局，即通过轴线组织居住区空间结构。轴线或可见或不可见，可见者常由线性的道路、绿带、水体等构成。但轴线不论虚实，都具有强烈的聚集性和导向性。在轴线式布局中，一定的空间要素沿轴布置，或对称或均衡，形成具有节奏的空间序列，起支配全局的作用。

③ 自由式布局。自由式的居住区空间结构常用于山地或地形复杂的地区，建筑及道路、绿地等灵活布局，与用地条件结合，注重与山、水的融合。

④ 集约式布局，即将住宅和公共配套设施集中、紧凑布置，并开发地下空间。通过地上地下空间垂直贯通，室内室外空间渗透延伸，形成居住生活功能完善，水平—垂直空间流通的集约式整体空间。这种布局形式节地节能，可以在有限的空间里很好地满足现代城市居民的各种要求，对一些旧城改建项目和用地紧缺的地区尤为适用。

以上空间结构形式在实际操作中常会组合、混合或变形使用，规划时应根据具体情况兼顾多种形式的优点。随着生活需求的变化，居住区空间结构形式将会继续增加和发展。

我国常见的居住区多为封闭型居住区，一般作为内向管理的独立地段存在，沿地块外围设置围墙，并设有 1 个或多个出入口进行封闭式管理。开放式居住区是与封闭居住区相对的居住空间模式，强调居住区是城市空间和功能的有机组成部分，而非封闭的独立地段。开放式居住区的特征表现为居住区与城市路网的有机衔接和开放的交通组织。开放式居住区从城市整体角度配置公共服务设施，与城市共享公共开放空间体系和景观空间资源，采用开放的管理模式，有利于形成友好的街道界面以及和睦安宁、生机勃勃的城市生活。近年来，为避免封闭式居住区大街坊、宽马路的缺陷，我国重寻传统街区开放、亲切的氛围，开始进行开放式居住区的理论研究与实践探索，典型项目有北京建外 SOHO、阳光上东居住区、UHN 国际村等。虽然每个居住区有不同的外在环境，功能定位、设计方法也不尽相同，但都通过加强与城市的沟通融入了城市的整体环境之中。

三、居住区道路交通系统

居住区道路是城市道路交通系统的组成部分，也是承载城市生活的主要公共空间。居住区道路的规划建设应体现以人为本，方便绿色出行，要综合考虑城市交通系统特征和交通设施发展水平，满足城市交通通行的需要。居住区道路要融入城市交通网络，应采取尺度适宜的道路断面形式，优先保证步行和非机动车出行的安全、便利和舒适，以便形成宜人宜居、步行友好的城市街道。

居住区道路的主要功能是为居民日常生活中的交通活动服务，合理组织车行交通与人行交通，以及保证居住区其他日常功能的交通需要得到满足，如清除垃圾、递送邮件的市政公用车辆的通行需求，居住区内公共服务设施货运车辆的通行需求等。同时，规划居住区道路还要考虑一些特殊情况，如救护车、消防车和搬运家具车辆等的通行。另外，居住区道路还是市政管线敷设的主要通道，是营造社区氛围、塑造居住区空间结构的重要因素。道路系统作为公共开放空间的一部分，是居民相互交往的重要场所，也是居住区环境设计的重要组成部分，在建筑物的通风、日照以及防灾避难和救援等方面都起着重要作用。

道路系统的设计应根据居住区的气候、地形、用地规模、周围环境、居民出行方式与规律，结合居住区结构和布局来确定，尽量满足实用、安全、经济的要求。另外，居住区道路应该与多元化的城市交通系统相结合，保证居住区交通与城市交通系统联系便捷、换乘方便，并且不被穿越、干扰。

1. 居住区道路规划设计原则

①居住区内道路的规划设计应遵循安全便捷、尺度适宜、公交优先、步行友好的基本原则，并应符合现行国家标准《城市综合交通体系规划标准》GB/T 51328 的有关规定。

②居住区的路网系统应与城市道路交通系统有机衔接，并符合下列规定：

第一，居住区应采取"小街区、密路网"的交通组织方式，路网密度不应小于 8 千米 / 平方千米，城市道路间距不应超过 300 米，宜为 150—250 米，并应与居住街坊的布局相结合。

第二，居住区内的步行系统应连续、安全、符合无障碍要求，并连通城市街道、室外活动场所、停车场所、各类建筑出入口和公共交通站点。道路铺装应充分考虑轮椅的顺畅通行，选择坚实、牢固、防滑、防摔的材质。

第三，在适宜自行车骑行的地区，应构建连续的非机动车道，形成安全、连续的自行车道路网络。

第四，旧区改建应保留和利用有历史文化价值的街道，延续原有的城市肌理，如道路宽度和线型、广场出入口、桥涵等，并结合规划要求将传统道路格局与现代城市交通组织及设施（机动车交通、停车场库、立交桥、地铁出入口等）相协调。

③居住区内各级城市道路的规划应关注居住区使用功能上的特征与要求，并符合下列规定：

第一，两侧集中布局了配套设施的道路应规划为尺度宜人的生活性街道，道路两侧建筑退线距离应与街道尺度相协调。

第二，支路是居住区主要的道路类型，其红线宽度宜为 14—20 米。

第三，道路断面形式应适宜步行并满足自行车骑行的要求，人行道宽度不应小于 2.5 米。考虑到城市公共电、汽车的通行，有条件的地区可规划一定宽度的绿地种植行道树和草坪花卉。城市道路的宽度应根据交通方式、交通工具、交通量及市政管线的敷设要求确定。

第四，城市支路应采取交通稳静化措施降低机动车车速、减少机动车流量，以改善道路周边居民的生活环境，同时保障行人和非机动车交通使用者的安全。交通稳静化措施包括减速丘、路段瓶颈化、小交叉口转弯半径、路面铺装、视觉障碍等道路设计和管理措施。

④居住区道路应尽可能连续、顺畅，以方便消防、救护、搬家、清运垃圾等机动车辆的通达。居住区内的道路设置应满足防火要求，并与抗震防灾规划相结合。抗震设防城市的居住区道路规划必须包括通畅的疏散通道，并保证在发生地震诱发的电气火灾、水管破裂、煤气泄漏等次生灾害时，消防、救护、工程救险等车辆能够通达，具体应符合下列规定：

第一，主要附属道路至少应有两个车行出入口连接城市道路，其路面宽度不应小于4米，其他附属道路的路面宽度不宜小于2.5米。

第二，人行出口间距不宜超过200米。

第三，最小纵坡不应小于0.3%，最大纵坡应符合表7-2的规定；机动车与非机动车混行的道路，其纵坡宜按照或分段按照非机动车道要求进行设计。

⑤居住区道路边缘与建筑物、构筑物之间应保持一定距离，以避免建筑底层开关门窗、人员出入时影响道路通行和行人安全，以及楼上掉下物品伤人，同时，这样做也有利于设置地下管线、地面绿化及减少底层住户的视线干扰。居住区道路边缘与建筑物、构筑物之间的距离设置应符合表7-3的规定。

表7-2　附属道路最大纵坡控制指标（%）

道路类别及其控制内容	一般地区	积雪或冰冻地区
机动车道	8.0	6.0
非机动车道	3.0	2.0
步行道	8.0	4.0

资料来源：城市居住区规划设计标准（GB 50180—2018）

表7-3　居住区道路边缘至建筑物、构筑物最小距离（米）

与建、构筑物关系		城市道路	附属道路
建筑物面向道路	无出入口	3.0	2.0
	有出入口	5.0	2.5
建筑物山墙面向道路		2.0	1.5
围墙面向道路		1.5	1.5

注：城市道路的道路边缘是指道路红线。附属道路的道路边缘分两种情况：道路断面设有人行道时，指人行道的外边线；道路断面未设人行道时，指路面边线。

资料来源：城市居住区规划设计标准（GB 50180—2018）

2. 居住区道路分级

居住区道路根据道路功能、服务范围、交通流量的不同，可分为居住区道路、街坊路和宅间路三级。在特殊地段，还可以根据功能和景观的需要增加商业步行街、滨水景观步行道、林荫步道、健身步道等。

居住区道路，一般用以解决各级生活圈居住区的内外交通联系，在大城市中通常与城市支路同级。城市旧居住区一般不允许城市交通和公共交通进入，新建的开放式居住区可以允许城市交通和公共交通进入。居住区道路红线宽度一般在6—20米。建筑控制线之间的宽度，需敷设供热管线的不宜小于14米，无供热管线的不宜小于10米。

街坊路，用于沟通各个街坊的内外联系，上接居住区道路、下连宅间路，承载着通行街坊内部机动车、自行车和行人的职能。街坊路的路面宽度约为3—5米，建筑控制线之间的宽度，需敷设供热管线的不宜小于10米，无供热管线的不宜小于8米。

宅间路，处于住宅建筑之间，连接各住宅入口，是通向各户或各单元门前的道路。宅间路主要通行自行车和行人，也要满足消防、救护、搬家、垃圾清运等汽车的通行，路面宽度不宜小于2.5米。

需要注意的是，考虑到严寒多雪地区清扫和堆积道路积雪的需求，道路宽度可酌情放宽，但应符合当地城市规划管理部门的有关规定。当人流较大时，居住区内可设置自行车和人行道，自行车单车道约为1.5米，两车道约为2.5米，人行道最小宽度1.5米。

3. 居住区路网结构布局

居住区道路网结构在形态上有规则式、自由式、混合式等不同类型。规则式路网有格网状、环状、S状、风车状等不同形态，一般用于地形较平坦的居住区。自由式路网形式多种多样，一般用于地形较复杂的居住区，须根据地形特点、建筑布局等确定。混合式道路网是指将规则式、自由式路网混合使用。

4. 居住区交通组织形式

居住区的交通组织形式一般包括人车分行、人车混行、人车局部分行三种。

人车分行有利于居住区整体景观的塑造，容易形成集中的中心景观。该组织形式适合面积不太大的小区使用，若较大面积的居住区使用容易造成较长的出行距离。人车分行可采用如下几种具体措施：

① 利用外环路组织居住区主路，组团路均以尽端形式连接外环主路，从而在居住区中间形成不受机动车干扰的连续步行空间。

② 居住区全部采用地下停车方式，并将地下停车口设在居住区主要出入口处，实现无机动车在居住区内行驶，居住区内道路仅供步行和消防通道使用。

③ 采用立体方式实现人车分行的效果，如设置二层步行平台或地下步行道路，缓解地面机动车交通压力，尽量使人车交通在交叉点处实现立体分离。

人车混行，即人车存在交叉关系，不通过人工手段将人与车截然分开，常存在于改造的居住区或以中低层住宅为主的居住区。人车混行的居住区主要采用地面停车的方式，可将停车位布置在楼间。这种形式可以最大程度的方便机动车的使用，但容易造成交通干扰以及噪声污染。

人车局部分行的居住区交通组织形式比较常见，即结合基地实际情况将上述两种形式混合使用。

5. 居住区停车措施

居住区内的停车组织一般以方便、经济、安全为原则。停车的数量应通过对当地实际情况和居民的特点的分析，以及对未来机动车和非机动车发展趋势的预测做出综合判断。居民停车场、库的布置应留有必要的发展余地。

机动车停车可采用集中与分散相结合的布置方式。集中停车场（库）一般设置于居住区主要出入口或服务中心周围，以方便购物并限制外来车辆进入。分散的停车库（位）一般设于街坊内或街坊外围，并靠近街坊出入口以方便使用。另需注意应通过设置步行路与住宅出入口及区内步行系统相联系。底层花园式居住区多采用分散式的私人停车位或路边停车位，多层居住区多采用分散式停车场、库，高层居住区或大型公共建筑周围多采用集中式停车场、库。为节约用地和保证绿地率，停车场（库）宜采用地面、半地下和地下相结合的方式。居住区内地面停车率（居住区内居民汽车的停车位数量与居民住户数的比率）一般不宜超过 10%，鼓励建设地下停车场以节约用地。停车场地可与公共建筑中心及广场、绿地结合起来综合考虑，较常用的有以下几种：

① 半地下停车，建设成本不是很高，每个停车位的平均面积为 35 平方米，一般在街区整体与周边形成高差的用地条件下使用，需要结合环境进行规划设计，对居住区景观影响较小。

② 地下停车，建设成本相对较高，每个停车位的面积为 35—40 平方米，对居住区景观影响较小。地下车库一般布置在居住区比较完整、大块的空旷场地内，顶板上部可覆土，形成中心绿化花园，也有上方做成湖面的案例。

③ 大型立体停车，停车效率高，相对成本低，但维修费用较高，每个停车位的面积约为 25 平方米，对居住区景观影响较大，需要进行视线遮挡设计。

④ 地表停车场，面积需控制在居住区用地面积的 10% 以内，常见的形式有两种。一种是人车共存的停车方式，即将停车场小型化，分散布置于居住区各个不引人注目的场所，并通过减速带、不同的硬质铺地等手段降低车辆通行速度，确保形成一个安全的交通环境。另一种是人车分离的停车方式，即将一层作为地表停车场，可从公共道路直接进入；二层架空，与各住宅楼的天桥相连接，作为人们休息的中庭空间，并配以树木、景观小品，营造出一个独立的环境空间。

机动车停车场的布局应满足使用方便的要求，服务半径不宜大于 150 米，还应尽可能减少对环境的影响。地下车库少于 50 个车位时，可设一个出入口，当车位数量超过 50 个时，应设置 2 个出入口。

自行车停车同样有分散和集中两种布局方式。分散停放通常指停放于各住户单元门口、住户地下储藏室，以及组团入口、单元入口结合景观设置的车棚。集中停放指设置专用的停车场集中放置，每辆车占地（含通道）1.4—1.8 平方米。目前，一些专门为自行车提供的停车设备，如可令前轮抬高放置的设施，以及双层停车装置等，都有效节约了自行车的停放空间。另外，以出入方便为原则，自行车停车场不宜设置在交叉路口附近，出入口不应少于 2 个，宽度不少于 2.5 米。

四、住宅的规划布置

1. 住宅的类型

住宅建筑按照层数可分为低层住宅（1—3 层）、多层 I 类住宅（4—6 层）、多层 II 类住宅（7—9 层）、高层 I 类住宅（10—18 层）、高层 II 类住宅（19—26 层）。

高层住宅按照建筑体型又可分为板式住宅和塔式住宅，前者的楼体从外观上看呈板状，一般指主要朝向的长度大于次要朝向长度 2 倍以上的建筑；后者从外观上看类似于塔的形状，即两个朝向的长度比小于 2。板式住宅的优点是朝向、通风和采光好，缺点是布局不灵活。塔式住宅的优点是布局灵活，建筑外观变化多样，缺点是朝向较差，个别住宅的通风和采光较差。塔式住宅也可以设计成方形、圆形、十字形、Y字形等，通过将不同形式组合还可以产生更加丰富的建筑形态。

住宅的形式选择取决于区域的自然环境、经济水平、技术水平、文化习俗和家庭结构等因素。住宅类型的选择将直接影响居民的生活、住宅的建设成本和占用城市用地的多少，甚至会影响城市的整体风貌。由于住户家庭结构多样，居住区内往往包含多种住宅类型、多种户型、多种产权方式，以满足不同阶段和不同收入的家庭需要。

2. 住宅群体组合

住宅建筑的规划设计应综合考虑用地条件、选型、朝向、间距、绿地、层数与密度、布置方式、群体组合和空间环境等因素。住宅群体平面组合的基本形式包括行列式、周边式、混合式和自由式等，应根据规划设计的具体情况，因地制宜地选择。

①行列式，即板式住宅，按照一定朝向和合理间距成排布局，可保证所有住宅都具有良好的日照、通风等物理性能，也有利于管线敷设和工业化施工，是各地城市居住区广泛采用的一种方式。但行列式布局如果处理不好，会造成呆板、单调的感觉，领域感和识别性较差，并且容易产生穿越交通的干扰。为弥补这些缺陷，行列式住宅规划布局常采用山墙错落、单元错开拼接和矮墙分隔等手法。

②周边式，即建筑沿街坊或院落周边布置，形成较为完整的院落和封闭的空间，领域感强，便于组织公共绿化和开放空间，有利于邻里交往，能够提高居住建筑密度，并容易形成较好的街景。对于寒冷和多风沙地区，具有阻挡风沙、减少院内积雪的功能，有利于节约用地。但周边式布局的住宅转角空间较差，结构、施工较为复杂，不利于抗震，造价也较高，还存在东西向住宅日照条件不佳和局部的视线遮挡、噪声干扰等问题。在地形起伏较大的地区，此类住宅的建造会造成较大的土石方工程。

③混合式，即低层独立式住宅、多层行列式住宅、高层塔式住宅混合布局。此种布局的住宅日照通风条件好，对地形的适应性强，空间形式多样，并且，不同高度住宅的组合有利于形成更丰富的建筑景观。但混合式布局也存在外墙多，不利于保温、视线干扰大的问题，有时还会出现较多东西向和不通透的住宅套型。

④自由式，即通过自由的建筑形态，结合地形因地就势地自由布局，但需照顾

日照、通风等要求。此种布局形式容易产生流动变化的空间效果。

3. 住宅物理环境

（1）住宅日照

日照可以杀菌、净化空气、提高温度，对人的心理等方面也有一定作用。住宅日照标准是用来衡量日照是否满足户内居住条件的技术标准，参照的是某一规定时日住宅底层获得的满窗口连续日照时间。决定住宅日照标准的主要因素，一是所处地理纬度，二是所处城市规模大小。综合上述两大因素，在计量方法上，我国使用两级"日照标准日"，即冬至日和大寒日，力求提高日照标准的科学性、合理性与适用性。以日照标准日的日照时数作为控制标准，住宅建筑与相邻建、构筑物的间距应在综合考虑日照、采光、通风、管线埋设、视觉卫生、防灾等要求的基础上确定，并应符合现行国家标准《建筑设计防火规范》（GB 50016）的有关规定。以日照标准日的日照时数作为控制标准，住宅建筑的间距应符合表7-4的规定；对特定情况，还应符合下列要求：

表 7-4　住宅建筑日照标准

建筑气候区划	Ⅰ、Ⅱ、Ⅲ、Ⅶ气候区		Ⅳ气候区		Ⅴ、Ⅵ气候区
城市常住人口（万人）	≥ 50	< 50	≥ 50	< 50	无限定
日照标准日	大寒日			冬至日	
日照时数（小时）	≥ 2	≥ 3		≥ 1	
有效日照时间带（小时）	8时—16时			9时—15时	
计算起点	底层窗台面				

注：底层窗台面是指距室内地坪 0.9 米高的外墙位置。

资料来源：城市居住区规划设计标准（GB 50180—2018）

①老年人居住建筑日照标准不应低于冬至日日照时数 2 小时。

②在建筑原设计外增加任何设施，不应使相邻住宅原有日照标准降低，既有住宅建筑进行无障碍改造（如加装电梯）除外。

③旧区改建项目内新建住宅建筑日照标准不应低于大寒日日照时数 1 小时。

（2）住宅通风

住宅通风包括室内自然通风和室外风环境质量两方面。与建筑自然通风效果有关的因素包括建筑的高度、进深、长度、外形和迎风方位，建筑群体的间距、排列组合方式和迎风方位，以及住宅区的合理选址和住宅区道路、绿地、水面的合理布局。

住宅室内的自然通风涉及居住环境舒适性和建筑节能。住宅通风条件取决于住宅朝向和地方主导风向的关系、建筑间距、建筑形式、建筑群体组合形式等。一般而言，住宅间距越大通风条件越好，但符合日照标准的间距通常可以满足基本的通风要求，因此没有关于建筑相邻关系的量化标准。恰当的住宅布置可提高通风效果，例如，住宅朝向与主导风向不垂直而是略呈角度的布局更有利于将风引入楼间，塔式住宅有利于风的导入等。

室外风环境包括夏季通风和冬季防风。在多数城市，通过建筑布局的"南敞北闭"可以提高居住区内部的风环境舒适度。另外，为提高通风条件，可以通过将住宅左右、前后交错排列或上下高低错落来扩大迎风面、增加迎风口，还可将建筑进行疏密组合布局以增加风流量。合理利用地形、水面、植被也可以阻挡或引导气流，改变建筑组群气流流动的状况。高层住宅增多后，会产生较强的楼间风，可通过在建筑立面设置导流板或布置建筑小品、绿化等方式加以解决。

（3）住宅噪声

噪声是影响居住环境的重要因素，根据噪声源的分布，一般分为外部噪声和内部噪声。外部噪声源主要是交通噪声。其防治主要采用隔离法，即住宅后退城市道路一定距离，并种植绿化带，以及设置隔声墙、结合地形起伏形成自然隔声坡地等。当用地受限时，可以采用沿街布置公共建筑的做法，把商店、办公建筑平行于道路布置。沿街布置的住宅还可以采取设置阳台、安装防噪门窗的手段减少噪声干扰。

内部噪声源包括交通噪声和人群活动噪声。可通过对车行道路的设置尽量降低交通噪声干扰，如将地下车库设置在靠近居住区出入口处，将车行道设置在地块边缘，采用尽端路减少交通噪声影响范围，采用减速措施降低车速等。对商业娱乐设施、学校、活动场地等产生的人群活动噪声，应通过合理布局，处理好噪声源场地出入口的位置进行控制，降低其对居住环境的影响。此外，通过城市和居住区总体布局、建筑群体的不同组合以及合理的绿化方案等也可以有效防治噪声。

4. 住宅间距

住宅间距是指两栋住宅楼的水平距离，分正面间距和侧面间距两个方面。住宅间距应以符合日照标准为基础，综合考虑采光、通风、消防、防震、管线埋设、避免视线干扰等要求来确定。

住宅正面间距主要根据住宅的日照要求来设置，也称为日照间距。根据住宅的朝向方位不同，又分为标准日照间距和不同方位日照间距。我们通常说的日照间距为标准日照间距，是指当地正南向住宅满足日照标准的正面间距。当住宅正面偏离正南方向时，其日照间距为不同方位日照间距，计算时须将标准日照间距进行折减换算（表 7-5）。

表 7-5　不同方位间距折减系数表

方位	0°—15°（含）	15°—30°（含）	30°—45°（含）	45°—60°（含）	＞60°
折减系数	1.0L	0.9L	0.8L	0.9L	0.95L

注：表中方位为正南向（0°）偏东、偏西的方位角，L 为当地正南向住宅的标准日照间距（米），
本表指标仅适用于无其他日照遮挡的平行布置的条式住宅建筑。
资料来源：城市居住区规划设计标准（GB 50180—2018）

标准日照间距通常通过日照间距系数来进行限定。日照间距系数即根据日照标准确定的房屋间距与遮挡房屋檐高的比值。日照间距系数与居住区所在的地理纬度、所需的日照时间，以及规划用地的地形起伏和具体的土地用途等相关。我国的不同地区，日照间距系数相差很大。在北方地区，若是用地平坦，板式住宅所需的日照间距系数通常为 1.6—1.7。

侧面间距的设置主要与消防以及减少噪声和视线干扰等方面相关。住宅侧面间距应符合下列规定：第一，条式住宅，多层之间不宜小于 6 米，高层与各种层数住宅之间不宜小于 13 米。第二，高层塔式住宅、多层和中高层点式住宅与侧面有窗的各种层数住宅之间应考虑视线干扰因素，适当加大间距。

五、居住区配套设施

居住区配套设施是指居住区内除住宅建筑以外的其他建筑，主要是为本区居民生活配套的服务性建筑，是居住生活的重要物质基础，关系到居民的生活质量和方

便程度。配套设施的布局对居住区的规划结构有着重要的影响，是构成居住区中心的核心要素，应与居住区的功能划分紧密结合。

1. 居住区配套设施的规划原则

居住区的配套设施应同步建设、方便使用，并遵循统筹、开放，兼顾发展的原则进行配置，其布局应依据集中和分散兼顾、独立和混合使用并重的原则，并符合下列规定：

①十五分钟和十分钟生活圈居住区配套设施应依照其服务半径，相对居中布局。

②十五分钟生活圈居住区配套设施中，文化活动中心、社区服务中心（街道级）、街道办事处等服务设施宜联合建设并形成街道综合服务中心，其用地面积不宜小于 1 公顷。

③五分钟生活圈居住区配套设施中，社区服务站、文化活动站（含青少年活动站、老年活动站）、老年人日间照料中心（托老所）、社区卫生服务站、社区商业网点等服务设施宜集中布局、联合建设，并形成社区综合服务中心，其用地面积不宜小于 0.3 公顷。

④旧区改建项目应根据所在居住区各级配套设施的承载能力确定居住人口规模与住宅建筑容量，当配套设施与人口规模和住宅建筑容量不匹配时，应增补相应的配套设施或控制住宅建筑增量。

2. 居住区配套设施的指标

居住区配套设施的指标包括建筑面积和用地面积两项内容，通常以 1000 人为单位，即每 1000 名居民拥有的各项配套设施的建筑面积和用地面积，也被称为"千人指标"。

为促进公共服务均等化，配套设施须对应居住区分级控制规模配置，并以居住人口规模和设施服务范围（服务半径）为基础分级提供配套服务。这样既有利于满足居民对不同层次公共服务设施的日常使用需求，体现设施配置的均衡性和公平性，也有助于发挥设施的规模效益，体现设施规模化配置的经济合理性。配套设施应步行可达，为居住区居民的日常生活提供方便。结合居民对各类设施的使用频率、要求，以及设施运营的合理规模，居住区配套设施可分为四级，即十五分钟、十分钟、五分钟三个生活圈居住区层级的配套设施以及居住街坊层级的配套设施（表 7-6）。

表7-6　配套设施控制指标（平方米/千人）

类别		十五分钟生活圈居住区		十分钟生活圈居住区		五分钟生活圈居住区		居住街坊	
		用地面积	建筑面积	用地面积	建筑面积	用地面积	建筑面积	用地面积	建筑面积
总指标		1600—2900	1450—1830	1980—2660	1050—1270	1710—2210	1070—1820	50—150	80—90
其中	公共管理与公共服务设施A类	1250—2360	1130—1380	1890—2340	730—810	—	—	—	—
	交通场站设施S类	—	—	70—80	—	—	—	—	—
	商业服务业设施B类	350—550	320—450	20—240	320—460	—	—	—	—
	社区服务设施R12、R22、R32、	—	—	—	—	1710—2210	1070—1820	—	—
	便民服务设施R11、R21、R31	—	—	—	—	—	—	50—150	80—90

注：十五分钟生活圈居住区指标不含十分钟生活圈居住区指标，十分钟生活圈居住区指标不含五分钟生活圈居住区指标，五分钟生活圈居住区指标不含居住街坊指标。配套设施用地应含与居住区分级对应的居民室外活动场所用地，未含高中用地、市政公用设施用地，市政公用设施应根据专业规划确定。

资料来源：城市居住区规划设计标准（GB 50180—2018）

3. 居住区配套设施的布局

居住区配套设施必须与居住人口规模相对应，并应与住宅同步规划、同步建设、同时交付。根据不同项目的使用性质和居住区的规划组织结构类型，配套设施的布局应体现方便生活、减少干扰、有利经营、美化环境的原则。同时，考虑到未来发展的需要，规划时应留有余地。

居住区配套设施的总体布局一般采用相对集中与适当分散相结合的方式。此方式有利于发挥配套设施的效益，方便经营管理和使用，还可以减少干扰。居住区配套设施应根据服务人口和设施的经济规模确定服务等级及相应的服务范围，服务半径一般包含时间距离和空间距离两方面的因素。另一方面，居住区用地是城市系统的一部分，其规划结构受到周边用地及总体规划布局的影响，有时会遇到相邻地段缺中学，需由本区增设，或相邻地段的学校富余，本小区可不另设学校等情况。

（1）具体布局方式

居住区配套设施主要布置在居住区出入口、居住区内部中心，以及居住区的一角或一侧。其布局形式包括线状布置（沿城市道路布置或沿居住区内部轴线布置）、独立成片布置（布置于居住区一角或居住区中心）、独立点状分布于居住区内，以及结合住宅进行设置等。

① 线状布局方式中以配套设施沿街布置的形式最为常见，通常根据道路的性质和走向等综合考虑。配套设施一般沿生活性道路设置，不宜布置在交通性道路上，若道路的交通量不大，可沿道路两侧布置；交通量较多时，宜布置在道路一侧，以减少人流和车流的相互干扰。配套设施布置在道路交叉口时，应注意人流和车流的合理组织，一般不宜把有大量人流的配套设施布置在交通量大的道路交叉口。交叉口可布置一些吸引人流较少的配套设施，并将建筑适当后退，设置小广场，以作为人流集散的缓冲区。一些吸引人流较多且时间集中的配套设施附近，必须保证足够的人行道宽度和车辆存放场地，以供人流集散之用。另外，也有些居住区将配套设施沿居住区主要轴线布置，可达到强化轴线的景观性和增强居住区活力的效果。

② 独立成片布置的方式利于充分发挥各类配套设施的功能特性，方便居民使用和经营管理，易于组成完整的步行商业区。此种布局方式通常将各类配套设施根据功能要求和行业特点成组结合，分块布置，既要考虑沿街建筑立面的艺术处理，又要合理地组织内部空间以及人流和货流线路。

③ 独立点状分布，即为了充分利用场地或针对不适宜集中布置的配套设施类型（如幼儿园、会所等），而采用的布局形式，是以配套设施自身的使用需求及其对周边环境的需求为依据的合理布局形式。布局时要注意配套设施与周边环境的有机融合，应将其与周边环境视为整体进行设计。

④ 结合住宅建筑底商布置配套设施也是较为常见的模式，尤其是在旧区改建

中。这种布局形式不仅利于节约用地，同时也易于形成充满生机的空间氛围。配套设施可布置在围合式建筑的东西朝向用房中，若居住区设置有二层架空平台，则可在一层处布置一些配套设置，充分利用这些不适于作为住宅使用的空间，但需特别注意控制这些空间中布置的配套设施的类型。一些对住户影响不大，且本身对用房和用地无特殊要求的配套设施，如小型零售商业、小型美容美发服务、居委会和物业办公等可布置在住宅底层，但应避免布置干扰较大的娱乐性和餐饮性设施。

（2）几类特殊配套设施的布局

会所、社区活动中心等公共建筑受功能限制少，布局形式较为灵活，适合与居住区主要景观节点结合布置，创造出丰富的景观效果。建筑本身可作为轴线对景或社区中心节点，代表社区的形象，发挥聚合作用。这类建筑适合放置于人流集中地段，塑造充满生机的空间氛围。同时，应考虑到居住区内这类设施的均享性，可将其布置于距离各组团距离平均的位置。这类建筑还适合与步行交通紧密联系，布置于步行交通可达性强的地段，既可独立布置，也可结合商业等设施集中布置。

幼儿园的布置首先要考虑其使用上是仅满足本小区内居民使用还是可供周边居民开放使用。如考虑与周边小区居民的共享性，则应将幼儿园布置在靠近小区外围、交通方便的地段，并设置独立的出入口单独管理。如仅供本小区居民使用，则可结合小区内部景观节点设置。两种情况均要求选择环境安静、接送方便的位置。同时，由于幼儿园自身可能会产生一定噪声，因此，可将其与会所、社区活动中心等结合，布置在小区中较为热闹的地段，或者布置于其他不会对住宅产生干扰的地段，也可借助距离、植被等进行一定的隔离。另外，要注意幼儿园对日照有较高的要求，应将其布置于不易受遮挡的地段。幼儿园的建筑设计以1—2层为宜，在用地紧张情况下也可考虑局部为3层，要保证活动室和室外活动场地有良好的朝向。幼儿园的室外空间要有一定面积的硬地和适当的活动器械，以供儿童室外活动。

（3）居住区配套设施布局的新趋势

随着社会经济的发展，居民的生活方式发生了一系列变化，对配套设施的需求也相应地转变。这一情况将会深刻影响我国公共设施配套的布局，已引起相关学者的关注。2010 年第六次人口普查数据显示，我国 60 岁以上人口已达到 1.776 亿，占总人口的 13.26%，预计到 2050 年，60 岁以上人口将达到 4.3—4.5 亿，约占总人口的 1/3。日益增加的老年人口比重必将带来老年设施、医疗保健及社区服务设施等的巨大需求。2015 年 10 月 29 日党的十八届五中全会通过的普遍二孩政策是缓解人口老龄化压力的措施，但同时也会造成新生儿增多，对教育及其他青少年设施的布局产生一定的影响。

同时，经济条件的改善和社会生活的信息化、网络化趋势极大地改变了居民的生活方式。私人机动车的普及重新定义了传统公共服务设施服务半径的概念，网络购物使居民对商业服务等配套设施的要求发生了变化，人们日益增长的精神文化生活需求也对文化类配套设施的数量和质量有了更高的要求。

可以看到，目前我国居住区配套设施的设置已经发生了一些变化。新版建设用地分类已将中小学从居住用地中去除，使其成了教育科研用地里的独立中类。这意味着中小学的用地指标和位置等将直接由城市总体规划、控制性详细规划具体设定，而不再置于居住用地内布置。这一改变让我们看到，原本居住区的配套设施有融入社会统一布置的趋势，未来可能不再仅仅服从于居住区千人指标，而需要加入市场规律的调节和引导。这些新的变化给了公共服务设施建设弹性，也有利于其不断地更新和发展。

六、居住区绿地景观规划布置

居住区绿地是城市绿地系统的重要组成部分，为居民提供了休闲、健身的场地。绿地布置是创造优美、舒适居住环境的必要手段，在改善小气候、净化空气、遮阳、隔声、防风防尘、杀菌防病等方面也具有重要的生态调节作用。

1. 居住区绿地景观规划原则

居住区内绿地的建设及绿化应遵循适用、美观、经济、安全的原则，并符合下列规定：

①宜保留并利用已有的树木和水体。

②应种植适宜当地气候和土壤条件，对居民无害的植物。

③应采用乔、灌、草相结合的复层绿化方式。

④应充分考虑场地及住宅建筑冬季日照和夏季遮阴的需求。

⑤适宜绿化的用地均应进行绿化，并可采用立体绿化的方式丰富景观层次、增加环境绿量。

⑥有活动设施的绿地应符合无障碍设计要求并与居住区的无障碍系统相衔接。

⑦绿地应结合场地雨水排放进行设计，并宜采用雨水花园、下凹式绿地、景观水体、干塘、树池、植草沟等具备调蓄雨水功能的绿化方式。

⑧居住区公共绿地活动场地、居住街坊附属道路及附属绿地的活动场地的铺装，在符合有关功能性要求的前提下应满足透水性要求。

2. 居住区绿地景观系统的组成

居住区内绿地应包括公共绿地、宅旁和庭院绿地、配套公建所属绿地和道路绿地等。

公共绿地指居住区内居民公共使用的绿化用地，如居住区公园、游园、林荫道、住宅组团内的小块绿地等。

宅旁和庭院绿地指住宅四旁绿地。

配套公建所属绿地指居住区内的学校、幼托机构、医院、门诊所、锅炉房等用地内的绿化。

道路绿地指居住区内各种道路的行道树等绿地。

进行绿地景观规划布置时，应考虑到与其相关的包括步行道路、广场等在内的公共空间系统。

3. 居住区绿地指标

新建各级生活圈居住区应配套规划建设公共绿地，并应集中设置具有一定规模的，能开展休闲、体育活动的居住区公园，公共绿地控制指标应符合表 7-7 的规定。旧区改建确实无法满足表 7-7 的规定要求时，可采取多点分布和立体绿化等方式改善居住环境，但人均公共绿地面积不应低于相应控制指标的 70%。居住街坊内集中绿地的规划建设，应符合下列规定：

①新区建设不应低于 0.5 平方米 / 人，旧区改建不应低于 0.35 平方米 / 人。

②宽度不应小于 8 米。

表 7-7　公共绿地控制指标

类别	人均公共绿地面积（平方米/人）	居住区公园		备注
		最小规模（公顷）	最小宽度（米）	
十五分钟生活圈居住区	2.0	5.0	80	不含十分钟生活圈及以下级居住区的公共绿地指标
十分钟生活圈居住区	1.0	1.0	50	不含五分钟生活圈及以下级居住区的公共绿地指标
五分钟生活圈居住区	1.0	0.4	30	不含居住街坊的绿地指标

注：居住区公园中应设置 10%—15% 的体育活动场地。
资料来源：城市居住区规划设计标准（GB 50180—2018）

③在标准的建筑日照阴影线范围之外的绿地面积不应少于1/3，其中应设置老年人和儿童的活动场地。

4. 居住区绿地景观的设置

居住区内的绿地规划应根据该居住区的规划组织结构类型、布局方式、环境特点及用地的具体条件，采用集中与分散相结合，点、线、面相结合的方式进行设计。根据居住区不同的规划组织结构类型，应设置相应的中心公共绿地，包括居住区公园、小游园和街坊绿地，以及儿童游戏场和其他块状、带状公共绿地。

绿地设置应基于居住区的自然条件和环境特点，尽量保留和利用规划范围内的已有树木和绿地，并充分利用空间，积极发展垂直绿化。居住区绿地系统要与各类活动场地结合，如为老人安排的休闲与交往场所，为儿童提供的游戏活动场地。同时，绿地景观还要与住宅建筑空间、公共建筑环境相结合。

植物配置应优先选择适应地方气候、土壤条件，反映地方特色的品种。住宅庭院需种植冬可透光、夏可遮阳、无毒无臭、防虫、耐阴、吸尘、防火的植物品种。居住区绿地宜多选用树木植被，避免大面积的草坪，这有利于居住区绿地的可持续发展。另外，植被种植时应注意高度搭配、季节交替的变化和色彩的多样性，力求塑造具有丰富层次感的绿化景观。

5.海绵城市对居住区绿地的新要求

居住区绿地空间是城市绿道系统的基本组成部分，对维护物种多样性、增强居住区生态韧性具有重要作用。海绵城市以低冲击开发为核心理念，提倡科学的城市雨洪管理方法，对居住区绿地的集水功能提出了新要求。在居住区环境设计中，应充分保护和利用原有的地质水文条件，遵循"渗、滞、蓄、净、用、排"的六字方针，根据居住区原始地形和土壤条件种植适应性较强的植被，减少规划建设中的土石方量，并通过设置植草沟、渗水砖、雨水花园、下沉式绿地等"绿色"措施进行雨洪管理，减少雨水泵所需要的电力消耗，充分蓄留雨水，达到集约利用水资源的目的。居住区还可以铺设渗水路面和高反射率混凝土路面，安装开敞式的集雨洼地，鼓励居民自主采用集雨桶等设施，为居民提供雨洪管理的优化途径。

第三节　居住区规划的各项指标

居住区是城市的重要组成部分，占城市建设用地和建设量的很大比重，因此，研究和分析居住区规划和建设的技术经济指标对提高城市土地利用效益、充分发挥投资效果具有十分重要的意义。居住区规划的常用指标一般包括居住区用地控制指标和居住区综合技术指标。

一、居住区用地控制指标

居住区用地控制指标是对居住区内的土地利用情况进行分析、调整和制定规划的基础，也是进行规划方案比较、检验方案用地分配的经济性和合理性以及审批居住区规划设计方案的重要依据。居住区用地是住宅用地、配套设施用地、公共绿地和道路用地四项用地的总称（表7-8）。

住宅用地，即住宅建筑基底占地及其四周合理间距内的用地（含宅间绿地和宅间小路等）的总称。

配套设施用地是与居住人口规模相对应配建的、为居民服务和供居民使用的各类设施的用地，应包括建筑基底占地及建筑所属场院、绿地和配建的停车场等。

表 7-8　居住区用地控制指标表（以十五分钟生活圈为例）

建筑气候区划	住宅建筑平均层数类别	人均居住区用地面积（平方米/人）	居住区用地容积率	居住区用地构成（%）				
				住宅用地	配套设施用地	公共绿地	城市道路用地	合计
Ⅰ、Ⅶ	多层Ⅰ类（4—6层）	40—54	0.8—1.0	58—61	12—16	7—11	15—20	100
Ⅱ、Ⅵ		38—51	0.8—1.0					
Ⅲ、Ⅳ、Ⅴ		37—48	0.9—1.1					
Ⅰ、Ⅶ	多层Ⅱ类（7—9层）	35—42	1.0—1.1	52—58	13—20	9—13	15—20	100
Ⅱ、Ⅵ		33—41	1.0—1.2					
Ⅲ、Ⅳ、Ⅴ		31—39	1.1—1.3					
Ⅰ、Ⅶ	高层Ⅰ类（10—18层）	28—38	1.1—1.4	48—52	16—23	11—16	15—20	100
Ⅱ、Ⅵ		27—36	1.2—1.4					
Ⅲ、Ⅳ、Ⅴ		26—34	1.2—1.5					

注：居住区用地容积率是生活圈内，住宅建筑及其配套设施地上建筑面积之和与居住区用地总面积的比值。
资料来源：城市居住区规划设计标准（GB 50180—2018）

公共绿地，即满足规定的日照要求、适合安排游憩活动设施、居民共享的集中绿地，应包括居住区公园、小游园、街坊绿地及其他块状和带状绿地。

道路用地指居住区道路、街坊路、宅间路等。

其他用地指规划范围内除居住区用地以外的各种用地，包括非直接为本区居民配建的道路用地、其他单位用地、保留的自然村和不可建设用地等。此项用地不参与用地平衡。

由于居住区的建设量大、投资多、占地广，且与居民生活密切相关，因此，为了合理地使用资金和城市用地，包括我国在内的许多国家针对居住区的规划建设制定了一系列控制性的定额指标。

居住区用地应包括住宅用地、配套设施用地、公共绿地和城市道路用地，计算方法应符合下列规定：

①居住区范围内与居住功能不相关的其他用地以及本居住区配套设施以外的其他公共服务设施用地，不应计入居住区用地。

②当周界为自然分界线时，居住区用地范围应算至用地边界。

③当周界为城市快速路或高速路时，居住区用地边界应算至道路红线或其防护

绿地边界。快速路或高速路及其防护绿地不应计入居住区用地。

④当周界为城市干路或支路时，各级生活圈的居住区用地范围应算至道路中心线。

⑤居住街坊用地范围应算至周界道路红线，且不含城市道路。

⑥当与其他用地相邻时，居住区用地范围应算至用地边界。

⑦当住宅用地与配套设施（不含便民服务设施）用地混合时，其用地面积应按住宅和配套设施的地上建筑面积占该幢建筑总建筑面积的比率分摊计算，并应分别计入住宅用地和配套设施用地。

居住街坊内绿地面积的计算方法应符合下列规定：

①满足当地植树绿化覆土要求的屋顶绿地可计入绿地。绿地面积计算方法应符合所在城市绿地管理的有关规定。

②当绿地边界与城市道路邻接时，应算至道路红线；当与居住街坊附属道路邻接时，应算至路面边缘；当与建筑物邻接时，应算至距房屋墙脚1米处；当与围墙、院墙邻接时，应算至墙脚。

③当集中绿地与城市道路邻接时，应算至道路红线；当与居住街坊附属道路邻接时，应算至距路面边缘1米处；当与建筑物邻接时，应算至距房屋墙脚1.5米处。

二、居住区综合技术指标

居住区综合技术指标应符合表7-9的要求。

表7-9 居住区综合技术指标

项目			计量单位	数值	所占比重（%）	人均面积指标（平方米/人）
各级生活圈居住区指标	居住区用地	总用地面积	公顷	▲	100	▲
		其中 住宅用地	公顷	▲	▲	▲
		其中 配套设施用地	公顷	▲	▲	▲
		其中 公共绿地	公顷	▲	▲	▲
		其中 城市道路用地	公顷	▲	▲	—
	居住总人口		人	▲	—	—
	居住总套（户）数		套	▲	—	—
	住宅建筑总面积		万平方米	▲	—	—

续表

项目			计量单位	数值	所占比重（%）	人均面积指标（平方米/人）
居住街坊指标	用地面积		公顷	▲	—	▲
	容积率		—	▲	—	—
	地上建筑面积	总建筑面积	万平方米	▲	100	—
		其中 住宅建筑	万平方米	▲	▲	—
		便民服务设施	万平方米	▲	▲	—
	地下总建筑面积		万平方米	▲	▲	—
	绿地率		%	▲	—	—
	集中绿地面积		平方米	▲	—	▲
	住宅套（户）数		套	▲	—	—
	住宅套均面积		平方米/套	▲	—	—
	居住人数		人	▲	—	—
	住宅建筑密度		%	▲	—	—
	住宅建筑平均层数		层	▲	—	—
	住宅建筑高度控制最大值		米	▲	—	—
	停车位	总停车位	辆	▲	—	—
		其中 地上停车位	辆	▲	—	—
		地下停车位	辆	▲	—	—
	地面停车位		辆	▲	—	—

注：▲为必列指标

资料来源：城市居住区规划设计标准（GB 50180—2018）

城市设计

第一节　城市设计理论与实践概述

一、城市设计的发展历程

1. 古代城市设计理论与实践

　　人类在很早的时候就已经能够结合基地的生物、气候等自然条件进行住所营造，埃及、美索不达米亚、伊朗和小亚细亚的聚居点建设在公元前 5000 年已经初具雏形。随着人类社会第三次社会大分工的产生，真正意义上的城市出现了，城市设计与城市规划成为紧密联系的共生体。早期的城市大多遵循气候、水文、地形等自然条件进行建设，表现出有机生长的发展模式，但尚未形成系统的城市设计模式和理论。

　　较为明确的城市设计（Urban Design）思想产生于古希腊、古罗马时代的城市建设中。从古希腊城邦时期的希波丹姆规划模式到古罗马建筑师维特鲁威的《建筑十书》，从欧洲中世纪以教堂为中心的有机城镇到文艺复兴时期的城市规划理论，城市设计思想在城市建设中的作用日趋明显。

　　希腊文明诞生以后，欧洲开始出现系统的城市设计模式和理论。这一时期的城镇建设和城市设计几乎都出自实用目的，如雅典卫城的建设和米利都城的重建。古罗马继承并发扬了古希腊的城市规划思想，开始进行正式的城市布局和设计。广场是古罗马城市设计的重要内容，其四周一般布置庙宇、剧场、政府、商场等公共建筑群，比较著名的如罗曼努姆广场（Forum of Romanum）、恺撒广场（Forum of Caesar）、奥古斯都广场（Forum of Augustus）和图拉真广场（Forum of Trajan）。这些广场平面布局都较为规整，相互之间既相对独立又存在联系，形成了罗马城壮观辉煌的广场群。建筑师维特鲁威在其著作《建筑十书》中系统地总结了古希腊和早期罗马建筑的实践经验，通过将理性原则和直观感受相结合，论述了基本的城市规划、建筑设计和建筑构图原理，奠定了欧洲建筑科学体系的基础。

　　欧洲中世纪（主要是西欧）时期的城市表现出自发性的渐进生长特点，主要分为要塞型、城堡型和商业交通型三个类型。中世纪的欧洲城市规模比古希腊和古罗马要小，城市布局以环状和放射环状为主，教堂、修道院和城堡依然位于城镇中央。同时，中世纪欧洲的每个城市都有自己的环境色彩特征，如红色的锡耶纳、黑白色的热那亚、灰色的巴黎、色彩多变的佛罗伦萨和金色的威尼斯。欧洲中世纪的城市建设往往充分结合河流、景观和制高点，表现出鲜明的地域性特征。教堂、街道和广场尤其能体现出中世纪城镇的设计特点。这一时期的城镇形态总体上是通过自下而上的途径形成的，城镇环境散发着浓厚的生活气息并具有美学上的价值，有人称之为"如画的城镇"（Pictureque Town）。欧洲中世纪的城市设计思想在西方城市建设史上占有重要的地位，为后来的学者称道。

　　文艺复兴提出的人文主义精神对欧洲的城市设计思想产生了重要影响。这一时期的城市建设更加注重科学性和规范化，并借鉴了地理学、数学等学科的知识。这种实用兼具美观的城市设计原则反映了文艺复兴时代的思想特征。遗憾的是，由于缺乏政治和经济基础，这一时期的城市设计在实施中受到了阻力。除罗马、米兰等个别城市在改建中采取了一定的城市设计措施外，大多数方案都停留在了纸面上。直到16世纪下半叶，罗马出现了复杂、奢侈且浮夸的巴洛克艺术，此时的城市设计强调空间的运动感和景观序列，一般采取环型与放射型结合的城市道路格局，对西方的城市建设产生了重要影响。巴洛克时期的城市规划以具有纪念性、标志性的建筑物和构筑物作为城市空间结构和形象的主体，形成城市景观轴线。许多中世纪的欧洲城市在改建过程中拓展了轴向延展的空间，并扩大了原有的城市空间尺度，赋予了城市新的空间感、立体感和想象力。以巴黎、柏林、巴塞罗那、布达佩斯、维也纳为代表的欧洲城市，美国的华盛顿特区，日本东京官厅街规划建设，乃至中国近代南京的"首都计划"，都受到了巴洛克时期城市建设思想的影响。

　　2. 现代城市设计理论与实践

　　19世纪上半叶，一些学者开始从社会改革的角度探索解决产业革命引发的种种城市问题的方法，现代城市规划理论由此诞生，与此同时，现代城市设计思想也逐渐建立起来。1889年，奥地利建筑师卡米洛·西特在《城市建设艺术》一书中分析了中世纪欧洲许多成功的城市空间设计案例，并将它们与当时新建的城市空间进行了对比。他尖锐地批评了新的城市空间艺术质量的退步，提出设计师应该从传统城市建设中发现美学原则，弥补当前城市建设在艺术上的缺失，以确定的艺术方式形成现代城市建设的基本艺术原则。西特从城市形态方面提出了土地使用、建筑布局、环境设计等方面的有机设计原则，注重人的活动和心理感受，以及人与建筑、环境之间的协调尺度，强调人文和艺术在设计中的重要作用。西特为现代城市设计基本原则的确立做出了重大贡献，他也因此被称为"现代城市设计之父"。

1898 年，英国学者霍华德提出田园城市理念，并给出了城市最佳规模（6000 英亩，32000 人，1 英亩 =0.405 公顷）建议。霍华德针对城市的规模、布局结构、人口密度、绿带等规划问题，提出了一系列具有先驱性和独创性的见解，呈现出了一个比较完整的城市规划思想体系，并于 1903 年开始建设世界上第一座田园城市——莱奇沃思（Letchworth）。可以说，霍华德的分析方法是现代城市建设走向科学化的一个里程碑。此后，盖迪斯首创了调查—分析—规划的城市设计标准程序；帕·马什（G. P. Marsh）从现代环境保护的角度出发，推动了美国城市公园系统的发展；奥姆斯特进行了以纽约中央公园为代表的一系列城市公园实践，被认为是美国风景园林学的奠基人；艾纳尔（Ez-gene Herlerd）首创了"环岛式交通枢纽"的道路交叉口概念；柯布西耶提出的"现代城市"和"光辉城市"理论对第二次世界大战后的城市规划设计领域产生了深远影响；佩里提出的邻里单位概念为社区规划提供了理论基础；费里奇（Filch）、沃尔夫（Wolff）、恩温发展出了一种改良的花园城规划方案；阿伯克隆比发展了盖迪斯的思想，提出在"一个比较广阔的范围来进行大城市规划"的论点；以伯吉斯为代表的一批城市社会学家从社会生态学的角度对城市的功能构成和人口分布做了规划理论上的研究，并归纳出了同心圆理论、城市地域的扇形理论和城市复核理论等概念。

1933 年 8 月，国际现代建筑协会（CIAM）通过了关于城市规划理论和方法的纲领性文件——《雅典宪章》，提出了城市功能分区的规划思路，这在一定程度上引发了城市灰色空间的产生，造成城市空间活力逐步丧失。针对日益明显的城市膨胀、交通拥堵、活力丧失等问题，伊利尔·沙里宁提出了系统的有机疏散理论，认为城市是一个有机体，城市规划是一个连续的、动态的设计过程。简·雅各布斯（Jane Jacobs）则认为城市的多样性与传统空间的混合利用是挽救现代城市的首要措施，并基于社会学方法提出"街道眼"概念，希望通过倡导高密度、小街坊和开放空间的混合使用，形成新的活力源，促进城市多样性的形成。

1977年，《马丘比丘宪章》批判、继承和发展了《雅典宪章》的内容，肯定了人的相互作用与交往是城市存在的基本根据，以及城市是一个不断发展与变化的结构体系，强调了城市规划的过程性、动态性和文化传承的必要性。比尔·希列尔（Bill Hillier）提出的空间句法理论通过对包括建筑、聚落、城市、景观等在内的人居空间结构的量化描述，研究空间与建筑、社会、认知等领域之间的关系。罗杰·特兰西克（Roger Trancik）提出的整合城市设计的图底关系理论、联系理论和场所理论，构成了综合性的城市设计理论。此后，城市设计概念不断深化，诸多学者结合自身的理论研究和工作实践发表了各自的学术观点，现代城市设计理论开始在世界范围内的城市建设中广泛应用。

1981年，周干峙先生在《建筑学报》发表《发展综合性的城市设计工作》一文，第一次将城市设计理论介绍到国内。1984年，吴良镛先生在北京"国际城市建筑设计学术讲座"上做了题为《城市设计是提高城市规划与建筑设计质量的重要途径》的报告，推动了我国城市设计理论和实践的研究。此后，城市设计在我国的城市建设中开始发挥重要作用，学术界对城市设计内涵的理解也逐步加深。2016年，中共中央国务院发布的《关于进一步加强城市规划建设管理工作的若干意见》中提出要"提高城市设计水平，抓紧制定城市设计管理法规，完善相关技术导则，走出一条中国特色城市发展道路"，进一步强调了城市设计在我国城市建设中的地位。随着社会的发展，城市设计的概念在引入我国的30多年中不断完善，社会各界对其理解也不断深入。

在新时代背景下，城市设计不仅是城市物质空间的组织艺术，还是重要的城市公共政策和管理方式，并逐步发展出一套综合性的设计理论和分析方法。城市设计以可持续发展为原则，以塑造生态城市为目标，以人的需求为导向，通过融合多学科、多领域的思想内涵，在编制、管理、技术和方法等方面形成科学、开放、高效的体系，满足社会需求，指导城市建设健康有序的发展。

二、城市设计的基本概念与思想

城市设计一般指人们为某种特定的城市建设目标所进行的对城市外部空间（open space）和形体环境（physical environment）的设计和组织。相关领域学者为城市设计理论的建构提供了多样化的思维方式和多方面的研究视角,推动着城市设计学术研究的不断发展和进步。

埃德蒙·培根（Edmund Bacon）强调了城市设计的美学原则,认为城市设计的目的就是满足市民感官的"城市体验"（Urban Experience）,并提出城市设计的三个基本环节,即评价（Appreciation）、表达（Presentation）和实现（Realization）。

费雷德里克·吉伯德（Fredderik Gibberd）以中世纪城镇为例,提出朴素而清洁的环境、适宜的城市尺度是保持城市永久活力的准则。他还指出,所有伟大的城市设计者都应有"历史感"和"传统感"。

凯文·林奇从城市居民的群体意向出发总结概括出城市形体环境的5点构成要素,被学界称为"城市设计五要素"。此后,他从将城市的社会文化结构、人的活动和空间形体环境相结合的角度出发,提出城市设计的关键在于如何从空间安排上保证城市各种活动的交织,从而在城市空间结构上实现人类不同价值观的共存。

乔纳森·巴奈特（Jonathan Barnett）认为城市设计是一项公共政策（Public Policy）,城市形体必须通过一个"连续决策过程"来塑造。他提出"设计城市,而不是设计建筑"（Designing Cities without Designing Bulidings）的名言,认为现代城市设计更注重综合性、整体性、参与性和可持续性,已经摒弃了广场、道路的围合感,以及轴线、景观和序列这些"18世纪的城市老问题"。

克里斯托弗·亚历山大（Christopher Alexander）主张用半网格形的复杂模式来取代树形结构的理论模式,允许城市各种因素和功能之间的交错重叠。他认为,现代城市的同质性和雷同性扼杀了丰富的城市生活方式,抑制了城市的个性。因此,他强调,"有生命力"的城市空间规划设计应探索城市空间环境与人类行为之间的复杂的深层次的联系,发展一种由许多亚文化群构成的城市环境。

根据《不列颠百科全书》的描述:"城市设计是指为达到人类的社会、经济、审美或者技术等目标而在形体方面所做的构思……它涉及城市环境可能采取的形体。就其对象而言,城市设计包括三个层次的内容:一是工程项目的设计,即在某一特定地段上的形体创造,有确定的委托业主,有具体的设计任务及预定的完成日期,城市设计对形体相关的方面可以做到有效控制,例如公建住房、商业服务中心和公园等。二是系统设计,即考虑一系列在功能上有联系的项目形体……但它们并不构成一个完整的环境,如公路网、照明系统、标准化的路标系统等。

三是城市或区域设计，包括多重业主，设计任务有时并不明确，如区域土地利用政策、新城建设、旧区更新改造及保护等设计。"这一定义几乎包括了所有可能的城市形体环境设计，是一种典型的"百科全书"式的理解，其重要意义在于界定了城市设计的可能工作范围。

《中国大百科全书》则将城市设计定义为："城市设计是对城市形体环境所进行的设计，一般指在城市总体规划指导下，为近期开发地段的建设项目而进行的详细规划和具体设计。城市设计的任务是为人们的各种活动创造出具有一定空间形式的物质环境，内容包括各种建筑、市政设施、园林绿化等方面，必须综合体现社会、经济、城市功能、审美等各方面的要求，因此也称为综合环境设计。"

城市设计的概念至今依然众说纷纭，学术界的相关理论研究也复杂多样，较为普遍的共识是：城市设计是以城市形体环境（physical environment）为研究形象，通过对城市三维环境的空间设计，来贯彻城市规划思想，指导城市环境元素的进一步设计。城市设计应作为城市规划与建筑设计之间的联系纽带，为个体（群体）的建筑设计提供条件，为城市整体规划设计提供问题，并启发构想。因此，从学科角度来看，城市设计是处于城市规划与建筑学（含园林建筑学）之间的一门学科。它主要是对城市形体环境即三维空间进行设计，同时也与城市的社会、经济、文化发展密切相关。

三、城市设计的经典理论

图底理论、联系理论与场所理论是城市设计领域的三大经典理论。美国建筑师罗杰·特兰西克在《找寻失落的空间》（*Finding Lost Space*，1986）一书中将其归纳为三种关系，即形态关系（图底分析）、拓扑关系（关联耦合）与类型关系（场所理论）。图底理论与联系理论旨在探寻城市空间形态要素间的某种构图关系以及相关的结构组织方式，场所理论则更注重对城市地域性和文脉的延续。这三种关系的确立是建立城市空间秩序与视觉秩序的基础和前提。在城市的形成和发展过程中，诸多案例印证了三种关系的重要作用。例如，罗马、巴黎、北京等城市显现的肌理特征，教堂、广场、花园等公共空间的联系，以及历史街区、商业街、小镇等活力空间蕴含的场所精神，等等。

图底理论研究的是地面建筑实体和开放虚体之间的相对比例关系。城市设计领域中的图底理论是研究城市外部空间与实体之间规律的理论。图底理论从二维空间的角度研究城市的空间结构，其研究范围具有特殊性和局限性。一般而言，图底理论适用于城市建筑密度较大、空间界面连续、公共领域感较强的地区，以及传统城市空间、旧城改造和更新区等。

联系理论又称域面连接理论、关联耦合理论。这一理论认为城市形体环境的构成要素之间存在多种"线"性关系，如道路、视廊、景观轴线等。通过对这些线性关系的研究，联系理论力图挖掘城市环境构成要素的组合规律和内在动因，使其形成一种关联网络，从而建立城市空间秩序的综合结构。联系理论的核心不仅仅是联系线本身，更重要的是线上的"流"，即通过对人流、交通流、物质流、能源流、信息流等的组织，使空间要素建立联系，构成一个整体。联系理论为建立城市空间秩序、创造新的城市空间，并为新的空间结构与原有结构、内部结构与外部结构有机统一提供了一个有价值的思路。

"场所精神"是挪威建筑学家诺伯－舒兹（Christian Norberg-Schulz）在1979年提出的概念。他以现象学理论为基础，认为蕴含了丰富生活体验的场所和场所精神是研究建筑现象学的一个基本出发点，场所（place）是存在空间的基本要素之一。场所在某种意义上是一个人记忆的一种物体化和空间化，也就是所谓的"对一个地方的认同感和归属感"。场所精神对城市的发展有着积极意义，即有利于地域性和文脉的延续。因此，场所理论又称场所文脉理论。场所文脉理论运用于城市设计中，首先要考虑的是尊重场所的特征和文化的脉络，这就要求我们在设计过程中延续和增强场所的生命力与活力。场所概念的发展，以及各种场所体系空间概念的发展，关键是找到立足点。场所必须有明确的界限或边界线，同包围它的外部相比，场所是作为内部来体验的。场所、路线、领域是定位的基本图式，亦即存在空间的构成要素。这些要素组合起来，空间才开始真正成为可体现人的存在的内容。场所文脉理论在城市设计领域包含着多层含义，概括而言，至少包含两个方面的内容，即时间的延续和空间的连续。

四、城市设计与城市规划及建筑设计的关系

从设计的系统性来看，城市规划和城市设计都起源于建筑学。城市规划是一门法定的、具有整体性的系统学科，注重与经济、社会、政策的结合。建筑设计则是

以单体建筑为对象进行的微观形态设计和功能设计。城市规划为城市设计和建筑设计提供了法规化和系统化的设计要求和引导，建筑设计从微观层面满足城市规划的具体设计要求，而城市设计则从宏观和中观层面深化城市规划中空间形态设计方面的内容。因此，学术界认为城市设计可以作为城市规划和建筑设计的中间环节，是二者的有益补充。从系统论的角度来看，建筑学为基础，城市规划为塔尖，城市设计为塔身，它们共同完成了一个稳固的金字塔结构。

随着时代的发展，城市设计在城市建设中正在发挥越来越重要的作用。在我国，城市设计已经成了一个相对独立的学科，所涉及的研究范畴也越来越广。近年来，城市设计开始呈现法定化的发展趋势。纳入国家法规体系后，城市设计将更加有助于推动城市建设的可持续发展。2016年，中共中央国务院在《关于进一步加强城市规划建设管理工作的若干意见》中提出要提高城市设计水平，并指出："城市设计是落实城市规划、指导建筑设计、塑造城市特色风貌的有效手段。鼓励开展城市设计工作，通过城市设计，从整体平面和立体空间上统筹城市建筑布局，协调城市景观风貌，体现城市地域特征、民族特色和时代风貌。单体建筑设计方案必须在形体、色彩、体量、高度等方面符合城市设计要求。抓紧制定城市设计管理法规，完善相关技术导则。支持高等学校开设城市设计相关专业，建立和培育城市设计队伍。"总之，未来的城市设计将在城市建设中发挥更大的作用，并成为塑造良好城市风貌的核心手段。

第二节　城市设计的研究内容

一、城市设计的空间环境要素

城市设计的客体研究对象是城市的三维空间环境，因此，城市中的一切要素都是其研究的内容，如气候、土地、植被、水体等生态环境要素，以及建筑、街道、广场、小品等空间形态要素。在进行城市设计时，需要考虑生态环境与空间环境的有机结合，实现自然与城市的共生共融。

1. 生态环境要素

气候要素是城市生态环境的基础条件，一般包括风环境、热环境、声环境、降水、空气等方面内容（表 8-1），是城市设计的第一要素，深刻影响着土地、植被、水体的构成和质量。土地是植被和水体的空间载体，可以为植被和水体提供丰富的养分，而植被和水体的净化、涵养功能又对气候和土地条件有着决定性影响。因此，各生态环境要素之间呈现出复杂的生态联系和有机关联，城市设计的过程也是维护和顺应这一生态关系的过程。

2. 空间形态要素

建筑是体现城市意象的核心要素，也是城市设计最为重要的物质空间研究对象。建筑的群体组合构成了复杂的功能载体，为城市中的人们提供了各种社会活动的物质空间场所。街道是城市的基本骨架，是各种人流、物流的流通路径。公园和广场则是城市中最具活力的公共空间，它们与景观小品、雕塑、照明、广告、街具、标识等共同构成了丰富的城市空间形态要素系统。

表 8-1　不同生态环境要素的内容和基本特征

生态要素	具体内容	基本特征
气候	热环境、风环境、声环境、降水、空气等	城市大尺度下气候条件较为稳定，中微观街区尺度和建筑尺度下的气候条件差异较大
土地	地质、地形、土壤、地面、地下、地热等	自身特征如街区土地的土壤成分、地质水文条件、承载力等，外部特征如街区的经济、区位、交通、环境和具体的开发建设要求等
绿地植被	类型、规模、种群、环境适应性，物种多样性等	内在特征如植被的气候适应性、抗病虫害特性、养护特性以及药用、医用等功能特性，外显特征包括植被的尺度、比例、韵律、节奏、质感、肌理以及生态性、观赏性等
水体	水体类型、性质、尺度、形态、质量标准、水源、流向等	水体的自净性能、景观性与生态特征、空间特征

二、城市设计的研究层级

根据空间尺度的大小，城市基本可以划分为四个层级，即宏观的城市层级、片区层级、中观的街区层级、微观的建筑层级。城市设计以不同层级的城市为研究对象，形成宏观、中观、微观相结合的技术体系，针对不同层级城市的不同生态环境特征和空间特征提出具有实效性的城市设计策略。

1. 城市层级的城市设计

城市层级的城市设计指针对城市及其一定腹地范围内的地域进行整体布局和综合设计，主要关注城市整体的空间结构、三维形态、土地利用模式、交通系统、绿地开放空间系统等内容。城市层级的生态城市设计主要是为片区、街区和建筑层级的城市设计提供研究背景和基础，通过对区域和城市的自然、经济、社会等要素进行分析，明确城市发展的优劣势，制定生态城市的整体发展框架，建构城市可持续发展指标系统，为构建生态城市设计体系创造条件。城市层级的生态城市设计遵循生态优先原则，结合城市整体的气候、土地、植被、水体等生态环境要素特征，以维护城市原始的自然平面形态为出发点，构建稳定的城市生态安全格局，并最终结合城市的发展目标，提出具有实效性的生态城市设计策略。

2. 片区层级的城市设计

按照不同的行政区划和区位条件，城市往往会形成若干个尺度较大的片区，各片区又由为数众多的街区组成。片区类型以城市生活片区为主，也包括大型社区、高教园区、产业园区、高新技术园区、文化旅游区等。城市片区类型多、尺度较大，需要通过合理的规划布局和设计，在集约利用资源和能源的同时，满足一定人群在居住、工作和生活上的需求。片区层级的城市设计以城市层级的城市设计为依据，以较大尺度的城市特定功能区为研究对象，通过对片区范围内的空间有逻辑地进行组织，形成自身的设计体系，并与城市整体设计系统有机衔接。设计过程中需重点关注规划区范围内的生态系统、空间布局、建筑风貌、交通组织、开放空间系统、公共设施分布等内容。

3. 街区层级的城市设计

街区是由城市道路网围合形成的、具有一定尺度和规模的场所，是城市的基本单元和人们日常生活的重要载体。街区蕴含着丰富的城市形态学和文化学内涵，也是城市文化和城市生活得以延续的基础。基于地形地貌、植被、水体、道路结构等要素的不同特征，可以为街区划定一定的弹性尺度。街区层级的城市设计研究的目标是实现街区建设的生态化，使建设后的街区既能与生态要素相适应，又能满足自身的功能需要。因此，制定街区层级城市设计策略的前提是深入研究气候、土地、绿地植被、水体条件等街区生态要素的组成、特征及对城市环境的影响。以此为依据，在街区的空间形态、文化内涵与生态要素之间建立直接或间接的联系，才能形成目标导向的街区生态设计策略。

街区层级的生态城市设计是城市层级和建筑层级生态城市设计之间的桥梁和纽带。它主要以绿色街区城市设计研究模型为依据，参考街区在城市中所处的不同区位和新、旧城的不同空间特性，制定具有针对性的生态城市设计策略。尽管土地混合使用逐步在现代城市建设中普及，但在新、旧城的不同街区中，居住、商业、办公、文化娱乐等某一项城市职能依然会成为主体。同一城市职能所处的区域不同，表现出的空间性质也会有差异，这就决定了新、旧城街区的城市设计策略必然会有区别。街区层级的城市设计要根据城市的不同空间特性，建立可持续的街区生态指针系统，以目标为导向制定具有实效性的城市设计策略，并把街区城市设计模型创新地应用于复杂的街区空间设计中，从街区层级落实城市设计的生态策略，进而实现生态城市的整体发展目标。

4. 建筑层级的城市设计

随着城市设计内涵和应用范围的拓展，建筑设计中应用城市设计理论的现象已经屡见不鲜。建筑设计在关注形态的同时，也开始考虑与外部环境及城市空间的有机联系。建筑层级的生态城市设计主要是为绿色街区城市设计策略提供具体的行动支撑。与早期的建筑设计不同，建筑层级的城市设计以绿色建筑设计为核心目标，遵循整体性与和谐性原则，兼顾建筑的本体设计以及建筑的外部环境设计。无论是新建建筑还是改造、更新后的建筑，其设计都应符合街区和城市的整体空间意象，并体现出建筑和环境设计的生态、环保、节能、宜居理念。

根据《绿色建筑评价标准》（GB/T 50378—2006），绿色建筑是指在建筑的全寿命周期内，最大限度地节约资源（节能、节地、节水、节材）、保护环境和减少污染，为人们提供健康、适用和高效的使用空间，以及与自然和谐共生的建筑。在绿色、生态、低碳思潮的影响下，绿色建筑的研究和应用日益广泛，涵盖了生物气候、建筑节能、技术应用、文化延续等诸多城市设计的相关内容。这也促使建筑设计形成了由建筑层级的城市设计和建筑单体设计两部分组成的复合设计系统，有利于在建筑及其外部环境与城市之间建立起更加和谐而紧密的关系。绿色建筑已经成为规划界和建筑界共同提倡的具有鲜明时代烙印的生态建筑设计方法。

城市设计框架下的绿色建筑设计应遵循整体性、技术适用性和生态节能的原则，注重建筑美学和地域文脉的体现，尤其是对传统建筑文化和建筑技术的传承。世界各地的传统建筑从萌芽到成熟的发展过程往往表现出很强的生物气候适应性，并在漫长的历史中形成了各自特有的形式和文化语汇。

三、城市设计的评价标准

城市设计的评价主体一般包括使用者（社会公众等）、开发商和政府，评价标准应同时满足这三方的利益需求。早期的城市设计评价标准主要与评价者的专业领域相关，偏重技术者倾向于以功能和效率来评价城市设计，偏重艺术者倾向于从美学角度评价城市设计成果，偏重管理者则倾向于以实施程序的可操作性与效果来评价城市设计。这三种倾向可分别为技术指标型、美学感知型、管理绩效型，均具有其合理性和片面性。现在，城市设计的评价标准融合了传统美学和经济、效率等因素，基本可以划分为定性标准和定量标准两大类。

凯文·林奇在 1981 年提出将活力、感觉、适合、易接近性和控制五项执行尺度作为城市设计评价的定性标准，将效率和公正作为衍生准则。华盛顿和西雅图则发展了建筑面积分区定量标准，即根据特定的土地使用和运输条件，通过建立基地和规定最大建筑面积比给各区规定建筑面积额，此项标准还可反映和管理区域内开发的强度。综合考虑定性和定量标准是城市设计评价标准的发展趋势（表 8-2）。例如，1970 年的旧金山城市设计方案中就提出了舒适、视觉趣味、活动、清晰与便利、独特性、空间的确定性、视景标准、多样性／对比、协调、尺度与格局 10 项原则，其中大部分可以看作是定性的评价标准，但在对尺度与格局的论述中则表现出定量标准的特征。旧金山城市设计方案根据尺度与格局原则在建筑高度与体量控制方面提出：新建筑的高度要遵从城市整体格局，与城市既有的高度和特征紧密联系，建筑体量则要与周围建筑的主导尺度联系起来考虑。该原则还针对超出主导高度的高层建筑提出了对角线控制原则和天空暴露面指标，以有效的控制建筑体量。城市设计评价标准落实在具体的实践中，需要不同专业背景的技术人员进行有效对接，并根据需要将其转化成系统的、易于操作的技术规范和管理工具。在设计实施的进程中，还要根据不同阶段的具体情况，预留一定的弹性空间。

表 8-2　城市设计评价标准

类别 内容	定量标准		定性标准
自然因素	气候、阳光、地理、水体等	旧金山城市设计方案（1970）	舒适、视觉趣味、活动、清晰与便利、独特性、空间的确定性、视景标准、多样性 / 对比、协调、尺度与格局
表述形体的三维量度	容积率、高度、建筑后退红线、体量、空地率、建筑密度等	美国城市体系研究和工程公司（1977）（USRE）	与环境相适应、可识别性的表达、可入性和方位、行为的支持、视景、自然要素、视觉舒适、维护和管理
非三维量度的技术参数	城市设计所涉及的交通分析、功能配比分析、建造成本分析等	凯文·林奇提出的评价标准	活力、感觉、适合、易接近性、控制、效率、公正

第三节　城市设计的基本原则与研究方法

一、城市设计的基本原则

1. 系统性原则

城市是一个由复杂因子组成的大系统，各因子之间通过协调与合作保证城市系统的合理运行。城市系统的划分有多种不同的方式，按照要素类型可以划分为自然系统和人工系统。自然系统包括气候、土地、自然植被、河流等。人工系统包括建筑物、构筑物、道路、广场等。按照功能结构，城市系统又可以划分为建筑空间系统、道路交通系统、绿地景观系统、公共设施系统、雕塑标示系统等。按照空间尺度，则可以划分为城市、片区、街区、建筑四个层级，各个层级又有各自不同的系统组成部分，它们共同构成了宏观—中观—微观的城市整体格局。

一般而言，城市系统上一层级的变化往往会对下一层级的建设和发展产生巨大的影响。比如，城市或片区土地性质的变更、河道的改变、道路的铺设等会在一定程度上影响街区的空间形态、开发容量、环境品质等诸多方面。城市的空间结构、建筑形态、道路系统、景观系统、公共空间和防灾体系之间也具有复杂的关联性。比如，道路系统的建设缩短了人们的出行距离，提高了城市公共空间的可达性，增加了人与人之间的交往活动，也有利于构建城市防灾避难通道。但道路系统的建设也会在一定程度上割裂原生态的自然植被和河流，带来过多的人类活动，缩小动植物的生存空间，影响城市景观和生态安全。因此，城市设计既要考虑各系统自身的整体性和关联性，也要考虑系统之间内在的作用规律，寻求各层级规划系统间的平衡，促进城市建设与生态环境保护的均衡发展。

2. 生态优先原则

生态优先是城市的自然、社会、经济可持续发展的基础。城市设计中的生态优先原则不仅包括生态学方面的内容，还指出了城市生态系统作为一个整体，其发展应有助于维护地球生态系统的平衡。生态优先原则提倡通过建立朴素的城市发展观和人类价值观，摈弃当前城市发展的无序化和粗放模式，转变高能耗、高污染、高排放的经济运行模式，建立资源集约利用、能源循环高效的发展模式，倡导适度消费的生活方式，最终实现经济、社会、环境的可持续发展。

生态优先原则贯穿城市设计的全过程，主要体现在对自然环境的保护和对气候要素、地形、自然植被、水体等的合理利用，以及在此基础上所做的绿色节能设计。城市设计以构建稳定、安全的城市生态格局为首要目标，通过保护土地、植被、河流等自然生态要素，以及有效的生态修复和补救措施，构建完善的城市生态网络。在具体设计中，可根据生物气候特征进行城市空间形态设计和绿地景观设计，对抗热岛效应、沙尘、雾霾、暴雨等城市自然灾害，实现城市物质空间与生态环境和谐共存。随着科技的发展，信息技术手段为城市设计提供了强大的支持，如通过绿色街道、绿色建筑、生态建筑综合体的建设可实现太阳能、风能等清洁能源的循环利用，有效地减少建筑能耗；通过建立低冲击开发的水循环系统，采用透水铺面和雨洪控制系统，可实现雨水、污水、中水的循环利用，减少水资源的损耗，同时还能为城市绿化植被提供水源，起到涵养水土的作用。总之，生态优先原则有利于城市从整体空间系统层面实现生态环保目标。

3. 地域性与美学原则

强调城市的文化属性是城市设计的重要目标。城市因所处的地域不同，文化差异性较大，如西方国家偏重城市作为物质客体的外在形式，而我国则更关注城市作为载体背后的主观意境。我国南北方城市也因文化差异而表现出不同的外在特征，北方城市的建筑风格和色彩较为庄严厚重，南方城市则以清秀淡雅为主。各地不同的民族文化、风俗习惯、生活方式、气候条件、地形地貌、建筑材料等多种因素都会对城市设计产生影响，因此，地域性是城市设计需要考虑的重要内容。

德国哲学家黑格尔曾说过："音乐是流动的建筑，建筑是凝固的音乐。"法国作家雨果也说："人类没有任何一种重要的思想不被建筑艺术写在石头上。"城市作为最大的建筑群组，其建筑美学特征是显而易见的。城市的建筑群体及空间环境设计应符合地域的自然设计法则，融入地域文化和美学符号，体现城市历史肌理的发展轨迹和地域美学特色。城市空间和秩序的塑造中应隐含其文化属性。地域性与美学的结合能够极大地唤起人们对城市的记忆和认知，是城市设计中形态塑造方面需要遵循的重要原则。在我国快速城市化时期，一个值得注意的现象是城市文化的破坏和美学的缺失。以北方四合院为代表的众多极具地域文化价值的建筑样式在城市化的浪潮中受到了猛烈冲击，现代建筑充斥了大部分中国城市，城市传统文化和美学思想没有得到有效的保护和传承。因此，城市设计工作需要注重地域文化、风俗、符号在建筑、景观、广告、标识等物质载体上的体现，继承并发扬传统文化的精髓，尤其应重视信息科技发展趋势下传统历史文化的保护，避免出现传统文化的断层。

4. 可持续发展原则

可持续发展的含义是既满足当代人的需要，又不损害后代人满足其需要的能力的发展。城市设计的目标是实现城市环境、经济、社会的可持续发展，这对任何一个国家和地区来说都是一个漫长的动态过程。城市设计工作需要根据城市的既有条件和外部支撑条件进行综合评定，建立可持续的城市发展指标体系，并制定具有实效性的弹性策略，以应对未来不可预测的人口、经济、产业、政策等因素的变化。以城市土地使用为例，应通过土地混合使用和立体空间开发，以及具有多样性的功能设置，实现土地的集约利用。在设计时，还应结合城市远期发展需要预留弹性用地，作为未来城市发展建设的战略储备。例如，在具体规划设计中预留一定的弹性空间，将其设置为绿地公园、蔬菜种植、景观花卉等绿色空间，既可以满足市民日常生活需求、增强城市抵御自然灾害风险的能力，也可以适应未来城市的变化进行新的建设。此外，弹性用地作为城市绿色基础设施体系的重要组成部分，有助于增强城市韧性，为城市经济和社会的可持续发展提供基本保障。

城市设计需要对自然、经济、社会进行综合研究，以空间形态为载体，实现环境良好、经济高效、社会安全、充满活力的城市可持续发展目标。城市设计应贯彻生态环保、功能复合、文化延续的理念，以公共空间作为联系居住、工作、休闲娱乐的纽带，强化零售业的凝聚力和吸引力，促进城市整体的经济发展和社会融合。在城市空间形态设计中，应考虑新经济形式的需求，采取集中与分散有机结合的形式进行公共设施的布局，根据城市整体的区位条件、人口聚集度和服务半径集中设置大型公共设施，按照居民实际需求分散设置零售商业设施和文化娱乐设施。同时，城市还应以公共空间作为提升社会活力的核心手段，赋予公共空间文化、科技、环保等主题，体现其多样性，以适应不同人群的需求，增强其吸引力。另外，在功能混合开发的基础上，规划与城市公园、街区公园、绿地相连接的步行系统，可以提高公共空间的可达性。重塑宜人的街道空间，规划符合人心理需求的街道尺度和空间界面，有助于促进公众的日常交往。

城市设计还应更加关注公共政策的制定和法制化管理，转变粗放的城市建设模式，根据各地区城市的现实情况做好风险评估，从技术和管理层面研究城市建设活动的实效性和可行性。城市设计必须通过确定合理的开发周期和开发规模，制定适宜的分期实施策略，并逐步引入公众参与机制和监督管理机制，激发公众的社会责任感，真正落实城市的可持续发展策略。

二、城市设计的研究方法

城市设计源自建筑美学和城市物质空间设计，主要通过视觉秩序分析、图底分析、关联耦合分析等方法对城市物质空间进行形态研究。城市设计者认为，城市和建筑一样，都是充满美学意向和人性情感的艺术品。城市设计以城市为尺度，以城市的肌理、天际线、建筑群体、街道界面等要素为具体的研究对象，并通过图底分析和要素关联等方法探索各要素之间的秩序和规律，实现建筑实体与外部空间的和谐共存，构成完善的城市整体空间形态系统。上述城市分析方法是现代城市设计学科的重要基础之一。

同时，城市设计也在处理城市空间与人的需要、文化、历史、社会和自然等外部条件的联系。当下的城市设计主张强化其与现存条件之间的匹配，并在设计原则中引入生态价值、社会文化价值以及人对城市环境的体验与要求等内容。场所文脉在设计中的重要作用越来越受到关注，城市设计开始在社会发展和市民生活方面发挥重要作用。具体来说，就是通过研究城市物质环境与社会、文化、心理等方面的内在关联，探索城市空间环境设计的方法，并通过对城市轴线、节点、标志物等空间要素进行系统分析和设计来表达城市的意象，赋予城市活力和文化内涵。场所文脉原则使城市设计突破了传统的物质空间分析和美学范畴，把时间、空间和人的需求紧密联系在了一起，把具象的城市空间和抽象的多元文化进行了有机结合，它强调过去—现在—未来的时间连续性和动态的设计过程，也被视为城市设计的时空一体化原则。

　　基于现代城市的发展进程，城市设计的研究方法日趋综合，除了需要分析既有的自然、社会、经济、文化等复杂要素和背景特征，制定城市设计框架，并结合物质形态、场所文脉以及其他分析方法进行综合分析，往往还需要借助信息技术进行辅助设计。同时，生态城市设计将成为城市建设的基本方法。它以生态学为基础，以可持续发展为原则，是一种涵盖了自然、社会、经济、文化等多方面的综合性城市设计方法。生态城市设计可划分为宏观的生态城市系统设计，中观的绿色城区设计、绿色街区设计，以及微观的绿色建筑设计四个层次。以此为研究对象，生态城市设计形成宏观、中观、微观相结合的技术体系，可以针对不同层级城市空间的特征和要求给出具有实效性的设计策略。城市设计需要不断从历史、现在和未来的发展中汲取营养，形成具有创新性和可操作性的设计思维，从而有效地指引城市建设的方向。

第四节　当代城市设计的发展与展望

　　随着科技的发展、能源的变革以及人类对太空的探索，20 世纪一些学者提出的城市设想早已变成现实，未来的城市发展模式已经不可预知。城市设计的发展向来充满了挑战，从花园城市到光明城市，从生态城市到绿色城市，从立体城市到智慧城市，城市理论模型的研究推动着城市设计方法的探索。在城市设计的相关技术不断创新和完善的大趋势下，未来的城市设计仍然需要以人的需求和城市的可持续发展为基本目标，并根据不同的发展阶段选择最恰当的方法。

　　基于当前的城市状况和未来的城市发展趋势，城市设计需要从现实角度关注可实施的精细化设计，从未来角度关注理想化的创新性设计。一方面，城市的建设和发展是一个连续的过程，在不同的时期总会出现一些设计上的缺陷，比如城市无序蔓延造成的交通问题和环境问题、盲目追求经济效益造成的不合理建设问题、设计方案的缺陷和施工质量问题等。这些问题需要在之后相当长的周期内通过进行精细化改造和再设计加以解决，从而推动城市不断向宜居的方向迈进。另一方面，在经济全球化时代，信息技术缩短了时空距离，资源和能源的开发利用方式不断创新，未来城市的发展模式变得不可预知，有很大的想象空间。因此，城市设计也必须放眼未来，关注蓝天大海甚至更远的太空，这就要求设计者必须具备创新思维和大胆探索的精神。科幻影片中出现的仿生城市、太空城市也许在未来都将成为可能。

第九章 | Chapter 9
城市防灾减灾

第一节　城市防灾减灾的相关知识

近年来，全球范围内的灾害呈现出发生频率增加和影响扩大的趋势，防灾减灾已成为各国面临的首要问题之一。21世纪以来，世界范围内已发生超过35次重大冲突和大约2500场灾难，20多亿人受到影响，数百万人失去了生命。随着城市的不断发展，人口膨胀、资源枯竭、环境恶化等问题凸显，城市建设与人口、用地之间的矛盾日益加深。城市系统自身的脆弱性使其在受灾时极易引起灾害的扩大和蔓延，造成重大的人员伤亡、严重的经济损失和恶劣的社会影响。城市中人员、建筑等各类要素密集的地区，其内部多种要素复杂的相互作用容易产生各类不稳定因素，从而形成灾害源，并且导致传统灾种与新型灾种同时多发，各类灾害间连锁反应造成灾害影响的扩大，最终使灾害难以控制。因此，城市防灾减灾是具有重要意义的现实问题，也是城市发展亟待解决的重点和难点问题。城市的防灾规划研究，可以为塑造安全的城市环境提供科学方法，是城市建设和发展的重要保障，也是确保国家重点建设地区环境、经济、社会安全的必要条件。

一、城市灾害及灾害特征

1. 灾害与城市灾害

灾害是从人类的角度定义的，总的来说，直接或间接造成人类生命、财产或与人类相关的生存环境、资源等多种形式损失的现象即为灾害。灾害具有自然和人为双重属性，自然灾害是由于自然力的作用而给人类造成的灾难，人为灾害指由人的行为而引起的灾害。研究中常将灾害分为自然灾害、人为灾害、自然人为灾害和人为自然灾害四类。自然灾害与人为灾害之间的界限是模糊的，一方面表现为当今社会少有由单一因素引起的灾害；另一方面，自然灾害与人为灾害之间可以相互转化。

城市灾害限定了"城市"是灾害的发生地点，且"城市"为灾害的承灾体。城市灾害包含城市的发展方式和生活方式对灾害产生的影响。城市灾害与非城市灾害相比，其本质不同在于人工干预机理深入渗透城市的方方面面，城市人为致灾的直接或间接影响因素较多。正因如此，城市灾害中自然与人为致灾因素更加难以区分。

2. 传统灾害与非传统灾害

城市灾害几乎包含了全部的灾害类别，《城市建筑综合防灾技术政策纲要》中将地震、火灾、风灾、洪水、地质破坏列为主要城市灾害。根据《城市规划编制办法》，以对城市破坏性大和潜在危害性大的灾种为对象，城市灾害可分为4大类：自然灾害、事故灾难、突发公共卫生事件、突发社会安全事件。

除了传统意义上的自然和人为灾害以外，城市灾害还包括随城市发展而产生的非传统灾害。非传统灾害主要包括生态环境安全、经济和金融安全、信息和资源安全以及恐怖主义等对人类生存和发展构成威胁的因素。信息化、网络化、全球化改变了城市发展和人类生活的方式，在某种意义上将城市间的距离变为了虚拟的空间，使城市间的联系更加紧密、交往更加频繁，并且产生了多种形式的关系，同时，也造成了城市的新型潜在危机。

3. 突发性灾害与渐进性灾害

按照发生速率和持续时间可将城市灾害分为突发性灾害和渐进性灾害两种类型。突发性灾害，即突然发生并在较短时间内完成灾害活动过程的灾害。突发性灾害又可分为两类：第一类是自然态灾害，此类灾害孕育到一定程度时会以短期内突然强烈爆发的形式表现出来，包括地震、火灾、水灾、风灾、暴雪、海啸和火山爆发等。第二类是以人为态为主要表现形式的灾害种类，包括事故灾难、突发公共卫生事件和社会安全事件等。突发性灾害在发生前一般有集中的灾害孕育期，当致灾因子发生由量变到质变的突破时会突然释放其作用，灾害发生速度快且蕴含破坏力巨大。突发性灾害难以防范、一触即发、不可逆转，对人类的生命安全及自然和社会环境均会造成巨大的破坏。同时，突发性灾害具有一定的可预测性，其防灾对策包括灾前评估、灾害预测、应急疏散和避难、灾时救援、灾后安置等。

渐进式灾害，即通过较长的灾害孕育过程逐渐表现出来的灾害形式，其中自然态灾害包括水污染、干旱缺水、环境污染等，人为态灾害包括城市垃圾、噪音污染、交通阻塞，以及非物质形态的信息、经济安全危机等。这类灾害通常需要较长时间的孕灾周期，其发展呈现为量变的、不断累积的过程。渐进式灾害的发生形式表现为：从不易发觉的、可被系统内部自行消化疏解掉的致灾因子，逐渐累积形成易于发觉的、仅靠系统内部不能消化疏解其负面影响的状态，其灾害形式并不是激烈的、致命的，但却会对自然和社会环境造成严重的影响。这类灾害以渐进形式逐步恶化，在灾害发生初期如果采取适宜的方法进行控制或消除，可以达到避免灾害发生、推延灾害发生时间或减弱灾害强度等效果。在灾害发生后，仍可采取一定的方式对其进行有效的疏导，从而消除灾害或避免灾害影响的大面积扩散。

二、城市灾害的特征及发展趋势

城市作为城市灾害巨大的承灾体，由于人口和各类资源、财富的集中，建成环境的紧密等，在面对灾害时表现出日益脆弱的状态。城市灾害在发生前、发生时和发生后对城市的影响表现出多样性、复杂性、人为性、高频度、群发性、连锁性，以及高损失性等特征。我国正处在经济持续快速增长阶段，即诺瑟姆 S 型城市发展曲线中的加速城市化阶段。这个阶段的城市对追求经济利益具有强烈的愿望，因而容易过度重视经济而忽视可持续发展，造成各类环境和社会问题，成为潜在的人为致灾因素。总的来说，我国现阶段表现出灾害次数上升、灾害强度增加的趋势，并且人为致灾因素种类增多，人为灾难发生的次数、造成的损失均不断上升。另外，新科技和新方法在城市中的广泛运用使新的致灾隐患不断出现，新灾害与原有灾害隐患之间的关系越来越复杂，原有致灾隐患孕灾环境的改变也使得原有致灾隐患不断扩展和变化。

第二节　城市防灾减灾的原则和理念

一、城市防灾减灾的主要原则

1. 综合防灾原则

城市综合防灾包括灾种的综合性和防灾策略的综合性两层含义。首先，综合防灾强调针对多灾种考虑问题，尽管不同灾害的成因、特点不同，但各类灾害之间具有关联性，并且，单一灾害有转移成其他灾害或多种灾害的可能性。尤其是考虑到城市各种要素之间的复杂关系，出现多种原发灾害或次生灾害同时发生并相互影响的可能性极大。综合防灾指针对自然灾害与人为灾害、原生灾害和次生灾害进行统筹规划，制定综合的防灾策略。这一原则强调优化资源配置，整合城市各类防灾设施和机构，并要求各项防灾活动执行统一的政策、策略，进行统一的管理、组织等。综合防灾原则有利于对目前趋向复杂性、群发性和链状性的灾害体系进行有效的预防和救助。

2. 平灾结合原则

防灾作为城市百年大计的基础，应从可持续发展出发制定策略。平灾结合的原则在宏观层面立足于建立基于防灾的城市系统，针对灾害特征，从建设初期就降低致灾因子存在的概率，通过合理的城市功能布局和空间结构规划等减少孕育灾害的环境，减缓孕育的过程，从而达到防止灾害发生的目的。另一方面，在灾害发生时，应通过有效的应急体系阻滞灾害蔓延，减少灾害对人员生命安全及城市经济、社会、环境的损害。在微观层面，平灾结合原则是指防灾规划中应注重平时和灾时城市功能的统筹安排。一方面，防灾资源在平时应能提供其他使用功能。另一方面，也要充分利用现有资源，可以通过对城市一般功能空间进行适当改造，使其具备灾时应急的作用。在城市人均使用空间稀缺的环境下，防灾空间设计受到限制，防灾指标往往难以达到。注重平灾结合的防灾理念，对有限的空间进行充分、高效的利用，有利于城市防灾系统的完善。

3. 适灾城市原则

人类应对灾害的过程经历了从"避灾"到"抗灾"的第一次飞跃和从"抗灾"到"减灾"的第二次飞跃。前一次飞跃源于人类物质技术的进步，后一次则源于人类对自然环境与人类活动之间关系的重新认识。适灾城市的设计思想可以追溯到我国历史上"兼重天人"的哲学思想，它提倡将人、建筑、城市、自然视为一体，既强调改造自然以减灾，又强调顺应自然而适灾，是当今处理人与自然关系的基本思想之一。2010—2011 年联合国"国际减灾日"的主题即"建设具有抗灾能力的城市：让我们做好准备"。联合国国际减灾战略署提出的"韧性"概念与适灾城市原则在理念上具有一致性，"韧性"即一个系统、社区或社会抵抗、吸收、适应灾害造成的影响并从灾害影响中及时有效恢复的能力，包括保护并恢复其重要基本结构和功能。适灾城市的思想一方面强调通过创造人工环境顺应自然发展，促进人和自然的和谐共生，达到减少灾害发生的目的；另一方面也提出可以通过人工措施对高密度城市环境进行改善，建立基于防灾的城市系统，使城市在应对不可避免的灾害时能够对其进行包容和消解，而不致受到较大影响和破坏，体现出城市系统自身的包容性、可调节性和可持续性。

二、城市防灾体系建构理念

1. 常态防灾与应急反应相结合的全程化防灾

目前，人们对城市灾害的认识已经从突发性的自然及人为灾害扩展到渐进性的环境污染、空气质量下降等各个方面，而常态下的规划建设与灾害的孕育、萌芽、爆发有着密不可分的关系。城市各要素的选址、功能、构成及形态均直接或间接影响灾害的诱发情况及城市对灾害的抵御能力。防灾规划思想应贯穿城市规划全过程，常态防灾规划关注物质空间环境与灾害的相互关系，力求达到减少灾害诱因，回避致灾因素，避免灾害扩展等目的，是灾时应急体系的基础。常态防灾体系与灾时应急体系是综合防灾规划体系中两个同等重要的方面，且二者存在着密切的关系。采用常态防灾与应急反应相结合的全程化防灾规划，一方面可以减少灾害发生概率，降低灾害风险；另一方面也有利于在灾时及时响应和处理，从而有效减轻灾害的影响和损失，完善城市防灾环境。

2. 空中、地面、地下空间相结合的立体化防灾

随着空间的不断密集，城市逐渐向立体化方向发展，我国许多大城市已经或正在经历城市空间同时向地上和地下快速发展的阶段。立体化发展使城市由传统的基于地面空间的二维平面形态拓展成为三维立体系统，增加了城市可利用空间的同时也使得城市的空间和功能更为复杂，因而对城市防灾系统也提出了更高要求。传统的二维空间防灾方式已不能满足高密度城市的防灾需求，防灾系统应与城市发展同步，转变为相应的立体化形式。

3. 城市空间与建筑空间相结合的一体化防灾

高密度城市建筑综合体等建筑形式的不断发展，使得建筑体型逐渐扩大到可占据一个或几个街区，建筑与城市空间趋向一体化，两者联系紧密而界限模糊。需要

城市防灾规划综合考虑建筑的外部环境（城市空间）和内部空间，进行从城市层级、街区层级到建筑层级的一体化防灾设计，并实现各层级之间防灾空间的紧密衔接和顺畅过渡。

4. 工程与非工程措施相结合的多形式防灾

传统防灾以各种工程措施为主要形式，注重工程措施对灾害的消除作用。日本、美国等在防灾方面具有先进经验的国家，其防灾研究已逐渐由以工程性措施为主转变为工程与非工程措施并重。这是因为，城市灾害的形成及其防御过程与城市活动的方方面面密切相关，灾害源仅仅是灾害发生的外因，而国家制度、经济发展水平、社会组织结构、城市灾害管理能力和城市居民防灾意识等是影响灾害规模和强度的内因。大部分灾害具有不可避免性，但灾害发生时人们的应对方式是可选择的。城市内人口众多，人员密度极大，灾害来临时人的反应和活动将决定灾害影响是被限定在可控范围内，还是进一步扩大。监测、预报和预警信息发布等非工程措施可以使人们及时离开易受到危害的区域。加强防灾宣传，普及实用的防灾救助知识，有助于人们在灾时进行有效的自助和互助，避免大范围的人员伤亡。另外，防灾基金的设立和防灾保险制度的完善也可为灾后修复和重建家园提供保障。因此，工程与非工程措施相结合的多形式防灾，是城市防灾系统的重要支持和保障。

第三节　城市常态防灾

随着绿色、生态、低碳等理念的提出，人类已经意识到不断恶化的城市环境与人类活动之间的关系，并开始在城市建设过程中重新审视防灾问题，防灾理念也由被动式防灾逐步向主动式的生态型常态防灾转变。城市常态防灾策略将防灾思想贯穿于城市规划的各个层次和阶段中，根据对城市空间特征的分析，通过完善的规划布局方法调整城市肌理，优化城市环境，形成易于疏解灾害的空间，提高城市的适灾性，促使城市健康有序的发展。常态防灾与应急防灾是城市综合防灾规划体系中两个不可或缺的部分（图9-1）。常态防灾规划体系以避免孕灾环境的形成、减少灾害发生概率、降低灾害风险为目标，主要在灾前发挥作用。应急防灾规划体系以避免或减轻灾害的影响和损失、阻止灾害蔓延和扩大，以及人员安全疏散和避难为目标，主要在灾时发挥作用（图9-2）。常态防灾是应急防灾的基础，是城市应对灾害的第一道防线。城市防灾规划中的常态防灾和应急防灾具有同等重要的地位，它们通过与城市建设的其他方面有机结合，共同促进城市的健康发展。

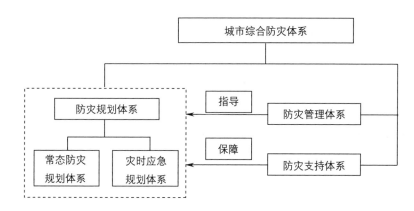

图9-1 城市综合防灾体系构成

图9-2 灾害发生时段与防灾规划的关系

常态防灾要求在常规的城市规划中加强对防灾体系的重视，在规划的各层次、各阶段中贯穿防灾、避灾、减灾的思想，从源头理顺城市防灾规划的脉络，使城市环境健康有序发展。一般而言，常态防灾体系的建构主要遵循三个原则：首先，通过规划设计减少城市固有的灾害隐患，消除可能出现灾害的情况，并避免建设中产生人为灾害诱因。其次，对可能发生的灾害进行预警，准备好消除或抵御灾害的措施。最后，提升建筑和城市环境的应灾能力，保障灾时人员安全，具体措施如延长疏散和避难的安全时间，提供灾时安全可靠的避难场所等。在上述原则指导下，常态防灾规划体系主要从空间结构、用地布局、道路交通、开放空间、建筑空间环境、基础设施布局等方面提出规划策略，实现城市整体防灾水平的提升。

一、常态防灾体系下的城市空间结构

常态防灾体系下的城市空间结构以生态安全理念为指导，旨在建立集约高效、和谐有序的城市空间形态。一方面，此种城市空间结构有利于减弱渐进性自然灾害的威胁，减慢灾害发生进程，改善孕灾环境，使城市环境向积极方向转化，实现良性循环。另一方面，从城市整体层面构建易于防灾的空间结构，可以更好地为防灾空间的设置提供条件。因此，城市防灾体系的发展应该积极融入城市外围腹地和整体格局，并注重中微观街区层面的生态安全和防灾系统规划，构建区域、城市—城市片区—街区结构的圈层式常态防灾体系。

1. 宏观区域、城市层级的生态安全格局

区域、城市层级的生态安全格局以城市及其外围一定的腹地作为一级生态圈层，建立城市生态廊道与乡村生态环境的直接空间联系。此圈层的规划需要综合研究城市的资源、环境、经济等社会要素的特征，并与城市规划各系统建立紧密的联系。在规划的过程中应贯彻生态安全原则，考虑土地、水、植被资源的生态安全以及它们在城市防灾规划中的重要作用，另外，还应关注城市规划各系统与防灾规划的关联度，优先进行土地适用性评价，确定土地使用的兼容程度。以此为基础，重点进行生态因子的保护，选择适宜的用地作为开发建设用地，在满足城市建设需要的基础上，形成城市生态安全格局—常态防灾规划内容—具体规划策略的清晰脉络，为下一步的行动规划提供清晰的指向。

2. 中观城市片区层级的防灾规划系统

该层级的防灾规划系统以城市片区为次级生态圈层，依据其生态条件和环境特点，深入发掘环境潜力。此圈层的规划从常态防灾体系下的用地布局、交通模式、开放空间体系、建筑空间环境、基础设施布局等方面提出防灾策略，从而形成能够应对复杂灾害情况的防灾系统。中观城市片区层级的防灾规划系统应与其他片区的常态防灾系统相互关联，并与一级生态圈层进行空间连接。

3. 微观街区层级的防灾单元

街区可作为三级生态防灾单元。街区是城市的基本构成单元，可以划分为建筑实体空间和建筑外部环境。美国首都城市设计与安全规划中将建筑周围从外到内分为街道、路边停车带、人行道、建筑庭院、建筑外界面和建筑内部六个梯级安全圈，安全等级层层递进，并由建筑内部、建筑外界面、建筑庭院、人行道和路边停车带共同构成安全区域范围。梯级安全圈为街区防灾单元的规划设计提供了清晰的研究对象和要素。

二、常态防灾体系下的城市用地布局

常态防灾体系下的城市用地布局规划应首先注重用地选择，确保用地的安全性和生态性，从生态系统的整体性出发，构建城市与外部区域生态环境之间的有机联系，留存城市内部的生态因子。城市应选择最有利于防灾的区域发展，并根据城市用地适宜性评价制定相应的防灾措施，对存在灾害隐患的区域进行防灾预处理。从防灾的角度出发，规划应倡导城市用地混合，可采用规划带状公园的方法进行边界控制。另外，还需注意城市用地规模的控制，应避免由于城市规模过大而增加灾害发生的概率。城市规模过大容易造成道路交通拥堵、城市环境恶化、基础设施超负荷运转等城市问题，使城市应对灾害的能力大为减弱。合理控制城市规模，可以增强灾害的可控性，有利于在灾害发生初期进行有效的控制，阻止灾害蔓延。

三、常态防灾体系下的道路交通规划策略

城市的交通系统较为复杂，规划时应根据其流量大、交通方式多样化、停车需求大的特点，合理选择道路网形式。棋盘式路网具有较高的灵活性，在防灾减灾中具有较大优势。棋盘式路网能提供最多的道路选择和最短的通行距离。在灾害发生时，棋盘式路网的高连接度和均质分布性能增强方向的可辨性，有利于快速疏解避难。棋盘式的路网格局还有利于街区混合使用，容易形成较为均质的空间和适宜的街区尺度，有助于建立稳定的街区结构以应对潜在的灾害。

另外，较小尺度的地块划分有利于城市的常态防灾。城市中心区作为高密度地区，一般采用 100 米 ×100 米左右的街区尺度较为适宜。新城中心区可以在规划初期进行街区尺度的控制。旧城中心区可以在原有道路的基础上加强城市支路和社区道路的建设，提高道路冗余度，形成窄而密的道路和适宜尺度的街区。

根据新城市主义，建立基于 TOD 模式的防灾协调单元，形成相对独立、完整的防灾系统，有助于提高城市整体的防灾能力。规划时，可以借鉴混合发展的社区建设模式，整合优化社区级防灾单元，使其既具备日常生活所需的公共活动功能，

也具备灾时避难功能，形成一定地域范围内的防灾生活圈。同时，还应加强防灾单元内部的绿化建设，使之在灾害发生时起到延缓或控制灾害蔓延的作用。

四、常态防灾体系下的开放空间规划策略

开放空间一般可分为大面积块状空间、线状空间和点状空间，它们在常态、灾时、灾后均对城市防灾系统的构建起着积极作用。开放空间的公共性、开放性有助于高密度环境的疏解和转化，并且在常态情况下有利于改善高密度地区的小气候及美化环境。另一方面，开放空间的存在使建筑形成相对分散的平面布局。灾时通过线状开放空间划分防灾区域，可阻隔灾害蔓延，达到避免或减小灾害损失的目的，而由块状、点状开放空间形成的应急避难场所则为灾民提供了避难、生活及救援空间。在灾后，开放空间可作为重建家园和城市复兴的据点。根据开放空间的不同形态特征而分别设置的防灾空间，可与城市防灾系统相结合形成防灾开放空间网络体系，有利于平灾结合的建设。通过构建梯级应急避难单元，可形成网络化的防灾空间格局（表 9-1）。在开放空间的建设和管理中，应完善相关法规保护开放空间的功能和界面，并通过城市实体和开放空间紧凑布局，以及设置多样化功能提升其服务水平。规划者须合理运用城市设计的各种手法，使开放空间与实体环境和谐共生，从而引导城市有序发展。

表 9-1　防灾开放空间网络体系

层次	面积或宽度	开放空间类型	平时作用	灾时作用
区域开放空间		郊野公园、自然景观、农田、水域	调节区域生态环境、减少致灾因素	阻隔城市灾害蔓延、长期避难场所
块状开放空间	50 公顷以上	市级大型公园、广场、体育场、大学校区的大面积块状开放空间	市级居民活动中心	中长期避难场所、中心避难场所
	10 公顷以上	区级公园、广场、绿地、体育场、中小学的大面积块状开放空间	区级居民活动中心	临时收容安置场所、固定避难场所
	1 公顷以上	社区公园、城市绿地、城市广场、大中型户外停车场	居住区级居民活动中心	临时避难场所、紧急避难场所

续表

层次	面积或宽度	开放空间类型	平时作用	灾时作用
线状开放空间	20 米以上	城市对外的交通性干道	满足居民出行及其他相关需求	城市与外界的联系通道，灾区与非灾区、各防灾分区、各主要防救据点的联系通道
线状开放空间	15 米以上	城市主、次干道，步行街等	满足居民出行及其他相关需求	连接救灾干道和各防灾单元
	8 米以上	城市次干道、支路	满足居民出行及其他相关需求	连接临时避难场所和固定避难场所
		城市绿道	改善城市环境、生物栖息地保护、迁徙生态廊道	阻隔灾时次生危害源集中地带（石油企业等）与一般城区的缓冲绿色地带
点状开放空间	500 平方米左右	宅旁绿地、小区绿地广场、小型户外停车场、宅旁开放空间	小区级居民活动中心、防灾活动宣传点	临时避难点、紧急避难点、灾时灾民第一时间可到达的避难场所

五、常态防灾体系下的建筑空间环境规划策略

城市以建筑实体空间为主体，火灾、地震、突发性公共卫生事件和恐怖袭击等灾害类型易对其产生较大影响。从建筑实体空间及其周围环境入手，减少致灾因素、加强防灾措施是城市常态防灾规划中的重要内容。

在外部环境方面，建设初期应系统了解建筑周边环境的优劣势，避开地质灾害多发区等不适宜建设的地区，与具有危险性的工厂、仓库等保持一定安全距离。同时，可以通过提高土地利用的科学性和集约性，使建筑、环境与其他要素形成有机整体。在街区内部道路系统规划中，适当增加道路网密度和建筑临街面，可便于进行消防活动和设置疏散通道。另外，还应保证建筑间必要的间距，设置必需的防灾用具。建筑外部景观设施的设置应具备良好的防灾效能。合理规划的景观设施可以引导人们的活动，起到划分建筑所属区域的作用，并保障建筑内部活动不受干扰。建筑外部景观的设计应力求将景观设施、视线设计、安全照明等方面的具体策略与防灾系统进行有机结合。

针对建筑实体空间，明确建筑形态是其自身应灾性能稳定的基础。规则、对称、变化均匀的建筑平、立面形式使建筑具有良好的整体性，有利于建筑承受水平和竖向的荷载，从而提升建筑的抗震性能。建筑一方面需要提升实体空间的整体应灾性能，抵御外部灾害，减轻灾害的影响；另一方面，还应通过优化内部的空间、结构等，减弱建筑自身的致灾隐患。不同功能的建筑，使用性质和频率也各不相同，对不同类型的建筑或同一建筑内的不同功能空间，应采用不同的防灾设防标准，制定不同的使用导则。通过改善建筑内部的采光、通风、制冷等条件进行内部环境优化，合理布局建筑物自身所需的热源、冷源、电源、气源等相关设施，可减少自身致灾隐患。另外，针对易发灾害合理选择建筑结构和材料，可以在保证自身所受影响最小的同时对灾害进行抵抗或吸收。通过智慧技术可以监测建筑内部的使用及环境情况，并在不同时段进行风险等级测评，从而制定有效的预警和管理系统。利用自然条件和现代技术手段优化高层建筑的采光、通风等内部环境，可以避免公共卫生灾害的发生和蔓延，并保证各类防灾设施和设备的合理布局和正常使用。

六、常态防灾体系下的基础设施规划策略

城市的基础设施具有高度密集和高频率、高强度使用的特点。基础设施自身也具有多样性、复杂性、系统性等特征。这些决定了在灾害发生时，基础设施的受灾程度及所引发的次生灾害均较为严重。然而，基础设施系统任何单一环节的破坏都会影响到整个城市生命线的功能，甚至会导致城市社会、经济功能的瘫痪。基础设施引发的灾害主要包括常态环境下由于设施老化、故障、破损等自身原因引起的灾害，以及外因造成设施破坏从而引发的次生灾害等。

我国基础设施在城市建设中处于配套从属的地位，且质量和容量与城市发展不配套，基础设施的规划通常只考虑常态下的建设指标，欠缺对灾时使用状况和备用量的考虑。常态防灾思维下的基础设施规划首先应充分考虑城市基础设施的容量，加大对基础设施建设的资金投入，在自身安全和供给能力方面提高基础设施的建设等级和标准。其次，提高基础设施配置的冗余度，通过适当增加藤状辅助系统，优化我国基础设施系统目前的树枝型整体布局，可以确保在灾害发生时，不会因为局部设施的损坏而导致整个生命线系统瘫痪。另外，还应重视提升基础设施系统的科技水平，拓展相关新技术的研究范畴，如优化基础设施的管道材料和加快城市基础设施共同沟的建设等。运用智慧技术对基础设施进行实时监测以及使用基础设施破损自动探测和切断装置等，都是预测、控制和消除灾害及其风险隐患的科学方法。

第四节　城市应急防灾

我国许多城市正处于城市立体化发展的阶段，这对城市防灾提出了更高要求。传统二维空间的防灾方式已不能满足高密度城市的防灾需求，必须建立与城市发展相适应的立体化防灾系统。城市立体化防灾空间主要分为三个部分，即空中防灾系统、地面防灾系统和地下防灾系统（图 9-3）。

针对城市空间立体化和一体化发展的趋势，在三维层面上建立立体化应急防灾系统，将城市可利用的防灾空间进行整合，有利于减轻城市的脆弱性并加强城市的适灾能力。建设城市应急防灾系统应重视各防灾空间在开发利用时的总体协调，将城市空间作为整体考虑，对空中、地面、地下的空间进行统一规划、合理布局、高效利用，并促使其形成稳定的系统结构，引导其长期、健康、有序发展。

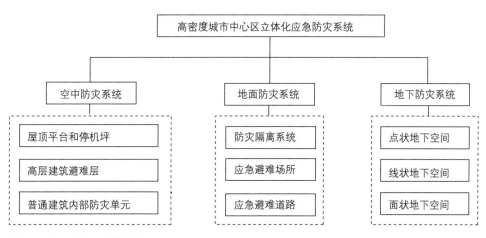

图 9-3　城市立体化应急防灾系统

一、城市空中防灾系统

1. 屋顶平台和停机坪

建筑屋顶平台一般为火灾荷载较少且面积较大的开放空间，加上屋顶楼板具有一定的耐火极限，因此，屋顶平台可作为防灾避难空间和救灾直升机的停机坪。航空紧急救援是目前发达国家应对重大灾害和事故的常用方式之一，医院、主要商业中心、大型公建等的屋顶通常都会设置直升机停机坪。空中紧急救援系统可以快速、准确、有效地处理灾害影响，及时实施救援，减少、避免人员伤亡和重大财产损失。消防直升机能够用于空中指挥，并起到联络、收集情报、运送灭火器材和人员等作用，在营救高层建筑火灾的受灾人员时十分有效。在地震灾害中，直升机更方便进入现场搜救，可用于运送医疗人员、医疗器材以及受伤人员。四川雅安地震的救灾过程中就利用直升机完成了大量的物资空投和伤员运送工作。在反恐行动中，直升机亦可配合地面警力共同完成任务。

2. 高层建筑避难层

避难层主要设置在超高层建筑中，《高层民用建筑设计防火规范》规定：建筑高度超过 100 米的公共建筑均应设置避难层或避难间，两个避难层间隔不宜超过 15 层，避难层净面积不应小于避难人员 0.2 平方米 / 人。超高层建筑发生火灾等灾害时，外部救援困难，且人员疏散距离远，疏散用时长，难以在安全疏散时间内疏散完毕。而避难层可以提供受灾人员临时避难、短暂停留、等待救援的空间，保证避难人员的安全，为消防救援赢得时间。

避难层正下方应保留一定空地，以便于消防车和云梯车停靠，不同楼层的避难层应尽量朝向一个方向，以便于救援工作的快速开展。若利用空中花园作为避难层，应保证避难空间足够大，其中的家具和设备须保证固定且放置位置不会阻塞逃生路线和电梯入口。避难层的设计应严格控制可燃物的使用，其周围及上下层不应设置可燃物多、火灾危险性大的功能空间。

3. 普通建筑内部防灾单元

地震灾害发生时，建筑内部的卫生间作为布局最紧凑的空间，结构具有较强的稳定性，可以作为临时避难空间使用。日本普通住宅和旅馆中通常使用整体式卫生间，即卫生间由一体成形的材料制成，具有一定的抗震能力，可作为建筑内的防震避难空间。另外，还可通过设置卫生间前室形成一个防火隔间，作为建筑内的防火避难空间。防火隔间的墙体应使用实体防火墙，采用不燃材料与其他部位分隔开，并设置能自行关闭的常开式甲级防火门。防火避难空间内应有直接与外界连通的机械排烟装置以及必要的灭火设备，室内空间还须进行消防用电设备配置，以保证灾时消防用电的来源。

二、城市地面防灾系统

城市地面防灾系统由防灾隔离系统和应急避难系统组成。防灾隔离系统由道路隔离空间、绿化隔离空间、不燃建筑等要素构成，主要用于防止作为主灾害或次生灾害的火灾扩大和蔓延。应急避难系统包括应急避难场所和应急避难道路。

1.防灾隔离系统

火灾是城市的易发灾种，也是地震等灾害易引发的主要次生灾害，且火灾在高密度环境下极易发生蔓延。针对火灾的特征，日本提出了防灾环境轴的建设。防灾环境轴包括三种隔离要素：城市道路、绿地公园、沿路不燃建筑（图9-4）。城市

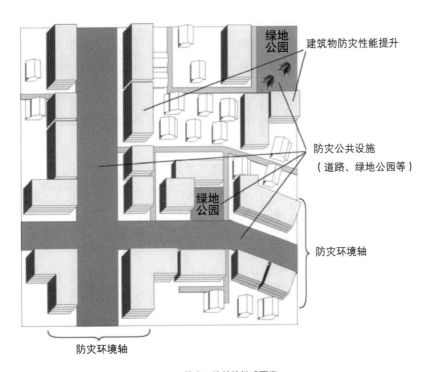

图9-4　防灾环境轴的组成要素

可通过用地调整和建筑改造等措施形成防灾环境轴，作为火灾延烧阻断带和避难空间。一般认为，超过 12 米的道路可以有效控制火灾蔓延。绿化隔离空间同样能起到避震防火的作用，在常态下可对高密度环境进行改善和空间补偿，减少渐进性灾害的孕育和发生。沿路不燃建筑包括耐火建筑物和准耐火建筑物，不燃建筑的高度应不低于 5 米，5 米以下部分应做防火处理；建筑间口率应在 0.7 以上，单侧不燃建筑带应达到 30 米。

2.应急避难场所

应急避难场所是指在灾害发生后供居民紧急疏散和临时避难的安全场所，可分为以开放空间为主的室外应急避难场所和以防灾型建筑为主的室内防灾据点。

以开放空间为主的室外应急避难场所，其必要特征是地势平缓、有大面积空地或绿化用地，具体形式以防灾公园为主，也包括广场、空地、停车场、体育场等。开放空间是应急避难场所的主要构成部分，其作为高密度城市形态中的有效疏解空间，不仅具有各种与城市生活相关的功能，而且在常态、灾时、灾后均对城市防灾系统的构建起到积极作用。

以防灾型建筑为主的室内防灾据点主要为抗震设防等级较高的、有避震疏散功能的建筑物，包括体育建筑、影剧院、展览馆、会展中心等重要大型建筑，以及中小学的教学用房、食堂等公共建筑和社区中心等。防灾据点内部设有储备各种物资和器材的防灾仓库，在灾时可作为受灾人员避难和进行人员急救的场所，以及防灾分区内与政府和各防救灾部门联络的网点，还可用于灾害发生时居民的自救和互助。

中小学校建筑在建设时对用地、功能、空间等方面有严格要求，其规划布局充分考虑了服务半径的均衡设置，在灾时转变为防灾据点方面具有很大优势。首先，《中小学校设计规范》和《城镇防灾避难场所设计规范》在指标设置上有一定的相关性：小学服务半径不宜大于 500 米，可与紧急避震疏散场所相对应；中学服务半径应不宜大于 1000 米，而固定避难场所服务半径为 500—2500 米，中学基本上可以对应固定避难场所层级进行设置。其次，中小学校作为防灾据点有利于未成年人生理和心理的安全保护，并且便于通过学校的辐射圈组织周围社区自救互救和志愿者救援等。另外，学校的教室、场馆等较大室内空间和操场、绿地等较大空地可满足周围受灾人员避难和临时安置的需求。中小学已根据需要配置了消防、供电、供水、能源、监控、通信等设施，基本可满足避难场所的要求，适当进行平灾结合的改造即可成为功能完备的防灾据点。

另外，若社区中心作为防灾据点，可以各级居住小区、居住区为单元，围绕社区居委会或会所建筑进行建设。社区中心一方面可作为平时防灾宣传的固定地点，另一方面也可作为灾时前往避难场所前临时集合和进行紧急救助的地点。我国2012年3月制定的《城镇防灾避难场所设计规范》（征求意见稿）规定：避难场所分为紧急、固定和中心三个等级（表9-2）。

表9-2　我国城市应急避难场所层级

		有效避难面积（公顷）	疏散距离（千米）	避难容量（万人）	人均避难面积（平方米/人）
中心避难场所		大于20，一般50以上	5-10	不限	4.5
固定避难场所	长期	5-20	1.5-2.5	1.0-6.4	3.0
	中期	1-5	1-1.5	0.2-2.0	2.0
	短期	0.2-1	0.5-1	0.04-0.5	1.0
紧急避难场所		不限	0.5	依情况而定	0.5

参考城市应急避难场所层级设置标准，可建构由郊野防灾公园、中心避难场所、固定避难场所、紧急避难场所、防灾据点和临时集合场所构成的城市地面应急避难场所体系（表9-3）。

郊野防灾公园，主要是通过对城市近郊地带的郊野公园进行改造，阻止火灾蔓延，为灾后恢复和城市复兴提供帮助。

中心避难场所一般选取市级大型公园、大型广场、大型体育场，以及具有一定规模的大学校区的大面积块状开放空间，可作为救灾活动的主要基地，通常设有防灾、救灾、医疗抢救和伤员运送中心等，还可以为灾后无家可归者提供暂住地。

固定避难场所主要包括区级公园、广场、绿地、体育场、中小学的大面积块状开放空间，可作为提供救援的地点，并能够供灾民较长时期集中生活，也可作为将灾民由固定避难场所引导进入层次较高的中心避难地的过渡性避难场所。

　　紧急避难场所主要包括社区公园、城市绿地、城市广场、大中型户外停车场等，可作为灾民转移到固定避难场所之前暂时休整或临时集合的过渡性场地，并可短时安置部分无法进入大中型避难场所的人群。

　　防灾据点主要为抗震设防高的有避震疏散功能的建筑物，包括体育建筑、影剧院、展览馆、会展中心等重要大型建筑，以及中小学教学用房、食堂和社区中心等，是供灾民较长时期集中生活和提供救援的地点。

　　临时集合场所包括毗邻居住区、办公区、商业区等人员聚集区的宅旁绿地、小区绿地广场、小型户外停车场、宅旁开放空间，以及高层建筑物中的避震层（间）等，是灾时第一时间可到达的避难场所，可作为观望灾情做出判断的最初空间，也可作为平时举办防灾活动的据点。

表 9-3　城市（地面）应急避难场所体系

	类型	面积或宽度	避灾服务半径	避灾发生时段	避难方式	空间类型
室外开放空间	郊野防灾公园			发生火灾蔓延时	郊野避难	城市近郊地带的郊野公园
	中心避难场所	50 公顷以上	2000 米以上	两周以上	中心避难	市级大型公园、大型广场、大型体育场、具有一定规模的大学校区的大面积块状开放空间
	固定避难场所	10 公顷以上	2000 米以内	半日至两周	固定避难	区级公园、广场、绿地、体育场、中小学的大面积块状开放空间
	紧急避难场所	1 公顷以上	500 米以内	5—15 分钟内	紧急避难	社区公园、城市绿地、城市广场、大中型户外停车场
	临时集合场所	500 平方米左右	300 米以内	3—5 分钟内	临时集合	宅旁绿地、小区绿地广场、小型户外停车场、宅旁开放空间等
室内空间	防灾据点	—	—	半日以上	固定避难	抗震设防高的有避震疏散功能的建筑物
	临时集合场所	—	—	3—5 分钟内	临时集合	建筑物中的避难单元、避难空间、避难层等

3. 应急避难道路

应急避难道路主要起到联系各应急避难场所、保证通行和运输安全，以及防火隔离的作用。日本防灾规划中规定宽度在 10 米以上的道路可作为应急避难道路，并将应急避难道路分为干线避难道路和辅助避难道路，干线避难道路间隔约 1 公里，辅助避难道路间隔约 500 米。我国根据城市特点，将应急避难道路系统分为与应急避难场所相对应的层级，它们共同构成了城市应急避难的安全地图（表 9-4）。

表 9-4　城市（地面）应急避难道路系统

	宽度	服务半径	层级	作用	要点
特殊避难通道	20 米以上	2000 米以上	固定与中心避难场所间联系通道	灾区与非灾区、各防灾分区、各主要防救据点间的联系通道	提高道路及桥梁耐震等级，优先保持畅通，进行交通管制
一级避难通道	15 米以上	2000 米以内	紧急与固定避难场所间联系通道	转移避难人员及物资、运输器材的道路	结合防灾安全轴进行设置
二级避难通道	8 米以上	500 米以内	前往紧急避难疏散场所的道路	联系应急避难场所	保证必要的消防通道和消防机械操作空间
三级避难通道	8 米以下	300 米以内			防止道路两旁坠落物体
出入口与对外交通	—	—	—	外界与城市联系并实施救援的通道	保证每个方向有两个以上道路出口
过街设施	—	—	—	联系避难通道	宜采取地下过街道的形式

三、城市地下防灾系统

地下空间作为潜在的城市空间资源，有助于解决城市的人地矛盾。地下空间因具有的特殊属性，对一些自然灾害具有较强的防御作用，但其使用环境的安全性一直是研究的焦点。我国许多城市都具有一定的地下空间建设基础，针对地面可用空间较为紧缺的情况，应充分利用已有地下空间建立地下防灾系统，促进城市综合防灾系统与立体化城市的同步发展。

　　我国的地下空间开发始于人防建设，各城市已形成不同程度的人防系统。人防系统是维持城市战时基本功能的运转、保存城市有生力量、减少战争损失的基本设施，包括指挥所、人员掩蔽所、专业队工程、生活保障设施、疏散道路等几部分。人防系统以其完整的结构、军事化的组织、自成体系的独立运作，成为城市综合防灾系统的重要组成部分。《中华人民共和国人民防空法》第二十条规定："建设人民防空工程，应当在保证战时使用效能的前提下，有利于平时的经济建设、群众的生产生活和工程的开发利用。"

　　我国目前的应急避难系统主要针对地面层布局，如能充分利用已有的人防建设基础，进行城市立体防灾系统的综合开发，将极大提升城市的综合防灾能力。在兼顾地面防灾系统功能的前提下，将地下防灾系统的出入口与地面各级应急避难场所综合考虑并进行一体化开发，特别是在公共活动较多的地区及城市已规划的紧急避难场所处连通地面与地下防灾空间，可以实现地面、地下空间共同承担人员疏散、转移和掩蔽等防灾活动，有助于人们在第一时间选择和寻找到合适的避难场所。

　　地下防灾系统主要包括点、线、面三种形式。地下室和地下停车库是分布较多的独立点状地下空间，其形态与地上建筑布局关系密切，往往仅从个体角度出发进行建设，较少考虑地下空间之间在形态、面积、层次等方面的相互关系和影响。这类地下空间可作为地下综合防灾系统第1层级的紧急避难场所。城市多数建筑均附有独立点状地下防灾空间，其数量多、分布广，并且与人们在中心区的各类活动紧密相连，在发生外部灾害时，可以帮助人们较快地完成紧急避难行动。

　　地铁站是经过统一规划建设的点状地下空间，具有均匀的服务半径，并与过街通道、地铁线路等线状地下空间紧密连接。一些城市的地铁系统与各类大型建筑、地下街相连通，使得城市地下空间呈现出以地铁站为聚集点网络化扩散的趋势。地铁站由于具有较强的连通性，可作为地下综合防灾系统第2层级的中转避难场所，其中应配备一些急需的救灾、医疗物资和指挥设施。

　　另外，结合城市重点建设的大型地下空间及地下综合体，如地下音乐厅、体育馆等具有公益特征的公共活动场所，或利用大型公共绿地下的地下空间，进行符合人防建设的设计，使之成为人防活动据点，被视为地下综合防灾系统的第3层级。

　　通过将线状地下空间与各级点状地下空间相连，使独立的紧急避难场所构成网络，并统一协调各层深度的地下空间，有助于城市地下综合防灾系统的构建。在该系统中，受灾人员首先利用邻近的点状地下空间作为紧急避难场所，然后通过中转避难场所，最终到达人防活动据点，实现较长时间的避难。线状地下空间作为防灾路径，可分为救灾路径和避难路径。已有的机动交通道路（如地铁、快速路等）灾时可作为主要供救灾设备和人员使用的救灾专用道路。避难路径以地下街为基础，划分为避难主路和支路系统，须对其空间布局、设施配备等内容进行规定，并制定相关的平灾使用规则。地下防灾系统应尽量结合已有地下空间进行改造或新建，通过加强地下空间之间的连通性和完善各配套设施，将地下空间中的点、线、面连接成网。线状地下空间与点状地下空间连接，可形成面状地下防灾综合体。建构不同深度地下防灾综合体之间水平和垂直方向上的联系，将地下工程与地面工程相互连接，形成网络化的地下防灾系统（表9-5），有助于城市提高总体的防灾应急能力，并兼顾灾时的防灾效益和平时的使用效率。

表 9-5　城市地下防灾系统

空间类型	空间形式	防灾功能
点状地下空间	地下室、地下停车库	紧急避难场所
	地铁站	中转避难场所
	地下音乐厅、体育馆	人防活动据点
线状地下空间	地下过街通道、地下商业街	避难路径
	地下机动交通道路（地铁、地下快速路等）	救灾路径
	地下综合管廊（共同沟）	保障灾时生命线系统的正常运转
面状地下空间	地下防灾综合体	同一层面的地下防灾系统
地下空间网络	网络化地下防灾系统	将不同深度的地下防灾系统相结合

第五节　城市非工程防灾

工程防灾是从工程技术的视角对城市系统进行防灾性能的提升，关注结构的脆弱性，而非工程防灾则是从社会科学的视角为城市系统提供防灾环境的基础保障，关注的是社会的脆弱性。随着灾害研究的不断深入，人们越发意识到灾害发生与人类活动的密切关系，同时也开始意识到社会脆弱性会对灾害产生影响并加剧灾害的损失。美国、日本等防灾经验先进国家的防灾工作已开始注重工程防灾措施与非工程防灾措施的结合，提倡将灾前、灾中和灾后作为整体看待，把工作重心由防灾减灾转向适灾消灾，从而形成灾害的可持续管理机制。

一、城市数字防灾系统

近年来，以 GIS（地理信息系统）为代表的数字技术在城市建设方面的应用取得了飞速发展。特别是在城市防灾减灾方面，GIS 技术发挥了重要作用，如防震减灾方面的地震区划、易损性评估分析、应急决策系统，消防方面的火灾信息统计、危险源管理、最佳救火路径和设施的决策等。将 GIS 与 RS（遥感）和 GPS（全球定位系统）相结合，构成动态的灾害监测系统，可实时获取客观的空间信息及灾害发生、发展和变化的数据，通过对这些信息和数据进行分析和处理，可以帮助管理者做出决策。该技术已成为构成地球灾害监测、预警和应急信息系统的关键技术。

1. 灾害监测

灾害信息的早期获知对灾情判断和灾害的预警、早期处理以及应急部署等具有重要意义。目前我国已基本建成覆盖全国的地震监测台网，以及较为完善的地震分析预报机制和地震科研体系。但仍存在着台网分布不均匀、监测能力较弱、技术有限等问题，以及监测手段单一、监测系统之间联系弱等缺陷，灾害监测系统及时性、准确性、连续性和全面性方面的限制影响了灾害的识别与及时预警。针对这一问题，规划者应在进一步建设中综合利用多种监测方式，建构卫星—航空—地表—地下紧密结合的广义遥感监测体系，实现对地球运动、变化及灾变过程的全面监测。另外，将 GIS 的数据管理、处理能力和智慧技术结合起来，可提高防灾工作的效率，减少经验依赖的程度和不确定性。

美国纽约市通过"连接的城市"（Connected City）计划实现了城市灾害监测系统的信息化、智能化和网络化构建。该计划运用物联网技术、RFID（射频识别技术），以及 GIS、RS、GPS 等技术收集城市各类信息，通过数据中心将信息整合、加工，并建立数字化的综合型信息平台。同时，利用云计算技术对数据进行处理，并通过构建统一的信息平台实现信息共享，使城市各部门可按照需要获取所需信息，为管理者做决策提供相应的依据。日本气象厅及相关机构在全国范围内设置了地震仪和地震强度仪，形成了包括高密度和灵敏度地震观测网、海底电缆式巨震综合观测网、地震灾害信息网等内容的地震综合监测网络，用来推测地震源的位置和地震规模、预报海啸、测定各地的震动强度。该系统通过大范围的卫星图掌握早期的受灾状况，并通过 GIS 技术将防灾机构的综合防灾信息汇集到共用地图，实现信息共享。综合防灾信息包括地震损失评估结果、生命线系统停止供给信息、气象观测信息、地震避难所和医疗设施信息等。

2. 灾害预警

预警是根据以往总结的规律或观测到的可能性前兆，在灾害尚未形成影响之前发出警示信号，防止灾害在不知情或准备不足的情况下产生较大影响，从而最大程度地降低危害所造成损失的行为。我国目前尚未在全国范围内实行预警系统，仅为核电站、输气管线等重大基础设施配置了地震报警及处理系统。2007 年 10 月，《国家防震减灾规划（2006—2020 年）》发布，其中明确提出要建立地震预警系统，据此，各省市的地震预警系统正在陆续建设。

日本 2007 年启动的地震预警系统（EWS，Early Warning System）是一套可迅速侦测地震并根据其强度发布警讯的系统。地震发生后能量以纵波和横波两种形式释放，纵波（P 波）速度快但破坏能力小，横波（S 波，主震动）速度仅为纵波的一半多，但破坏力巨大。地震预警系统在靠近震源的地点检测到纵波后会立即做出反应，对震源位置、地震规模、各地主震到达时间及强度进行监测并发布预警信息。从检测到纵波到横波产生影响，中间存在几秒到几十秒的时间差，预警信息可及时发送到轨道交通、公路、民航等运输部门，以及企业、居民社区等。接到警报的部门应及时启动自身的预警机制，如采取列车停车、电梯控制、居民区切断电气系统等措施，并有效组织疏散和避难行动。通过网络技术还可以实现灾时电脑自动切断电源，避免次生灾害发生，有助于将灾害的损失降低到最小。研究显示，在地震预警 100% 普及的情况下，死亡人数能够减少 80%。我国台湾省也建立了地震早期预警系统，并在多次地震中发挥了重要作用。

3. 应急信息发布

随着数字技术的普及，城市灾害发布系统的可用渠道更加丰富，充分利用已有的科技产品，可以建立全面、完备的城市灾害信息系统。防灾信息可通过广播、电视、报刊、通信、网络、公共电子显示牌、警报器、信息广播车等渠道，以及人员通知等方法进行传播。

1994 年以来，日本和美国的防灾机构在总结北岭地震和阪神地震经验的基础上建立了数字城市减灾框架——数字东京和数字洛杉矶模型。此类减灾框架的内容包括城市基本情况、恢复重建后的基本情况、地震发生前后的对比，以及城市减灾和管理措施等。数字减灾框架具体包括输入输出系统、评估决策系统、指挥系统等部分，有助于建立城市灾害易损性图像，以及市民和防灾部门进行快速决策。日本基于 PC 网络平台的数字防灾信息系统比较完善，东京防灾地图网站即为防灾信息较全面的综合服务平台。通过该网站，人们可以了解潜在地质灾害信息、查找到最近避难场所的位置以及获取灾时安全道路信息。此外，日本构建了气象厅与中央政府、地方防灾机构、在线媒体等相连接的应急信息系统，并建立了中央防灾无线网络，具体包括地面无线线路、移动无线线路、国土交通省线路、卫星线路、其他部门线路、有线线路，可用于共享电话、传真、数据通信、视频会议、直升机传送灾害影像等。

目前，我国多个城市已建成或正在进行数字城市平台建设。北京、上海、广州、深圳、武汉、厦门、苏州等城市均已建设地理信息资源共享服务平台。但是，我国以防灾信息为主的数字信息平台建设还处在起步阶段，防灾设施、应急避难场所等信息仍主要以静态地图方式查询，翔实度和互动性还有很大的提升空间。

4. 实施保障

在防灾规划及其管理实施中，应利用多种科技手段相结合的方式，集合互联网、物联网、云服务、智能信息处理等综合技术，对城市的设施信息与灾害信息加以整合，构筑共享的信息网络平台，实现防灾体系与城市各类信息的互通接轨。同时，还应建设信息共享数据库，它由基础信息库、知识库、案例库、文档库、预案库等专业数据库组成，并通过与信息监测部门紧密联系实现实时更新。建立空—地—人的立体监测网，并使之与气象、水文、地质、地震等监测系统，以及环保、消防、卫生防疫等部门相互衔接和补充，可形成城市综合灾害监测系统。将该系统与国家、各大城市减灾中心、各涉灾部门联网，实现全国范围的灾害数据资料共享，有助于实时掌握区域和地方灾害的动态及相关影响，从而提高决策的准确性。

另外，国家应统筹安排各政府机构与部门，成立以政府为主导的官方预警监控机构，建立信息共享的专业预警平台和社会风险预警信息发布中心，并保证其发布信息的透明性和权威性。

二、城市社会防灾系统

灾害的发生并非偶然现象，而是各种危险和脆弱条件不断累积的产物。并非所有的灾害都会造成灾难，灾难的形成揭示了城市环境、社会、经济、政治等方面的问题。2003 年的非典疫情扩散，2008 年汶川地震的大规模破坏和伤亡，2010 年上海静安火灾的发生和迅速蔓延，2010 年 269 座县级以上城市受淹，2012 年北京等大城市的暴雨灾害等事件均显示出我国在灾害应对方面事前准备不足、事中能力欠缺、事后反思不够等问题。长期以来，人们将灾害作为偶然事件处理，只在灾害来临时被动地采取应对措施，忽略了灾害的孕育形成过程与人类活动的密切关系。防灾减灾是城市环境、经济、社会可持续发展的重要组成部分（图 9-5），通过建立社会防灾系统可提升城市的适灾韧性，达到巩固城市防灾系统的目的。

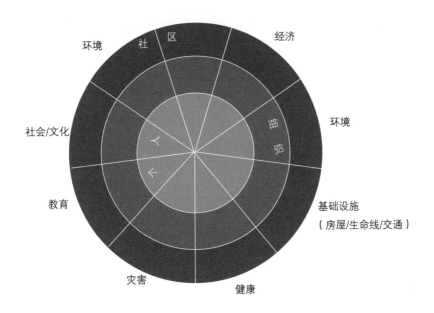

图 9-5　城市韧性车轮

1. 应急反应

随着全社会防灾意识的不断增强，我国在灾害应急管理方面取得了较大的进步，已制定了从国家到地方层面的各级应急预案体系，并逐渐投入使用，但与发达国家相比仍存在一定的差距。首先，我国防灾减灾立法尚不健全，各层级的防灾法制建设需进一步加强。其次，尚未形成独立的防灾管理部门以及部门间横向协调和统一指挥的工作机制，存在部门之间分工交叉，难以建立合作，应急救援力量分散的问题。最后，应急预案的指导较为宏观，且城市以下级别地区缺乏相应的应急预案。同时，目标、责任与功能界定不够清晰且缺少具体的实施和保障方法，也使应急预案的实施效果受到影响。

2. 防灾经济

防灾支出应作为地方政府预算的一部分，用以增强城市经济、生态系统和基础设施等的抗灾能力。政府应增加防灾建设的资金投入，拓展资金来源渠道，保障资金来源的稳定性，并为灾害救助设立固定的基金。地方政府应努力争取国家和上级部门的补充资金来开展防灾活动，并鼓励各单位积极参与宣传活动以获得更多资助。同时，政府还应提高资金使用效率，通过科学论证制定地区防灾规划，并提出实施保障机制。另外，对给建筑和基础设施防灾减灾建设投资的企业应实行激励政策，政府应鼓励对房屋进行评估、加固和翻新，而对增加灾害风险和导致环境恶化的行为应进行罚款和制裁。

积极推行以灾害保险为主的灾前财务性风险管理措施，可以在灾害发生后通过灾害风险分担，以经济手段给予局部受灾地区部分赔偿，减轻当事人的损失，达到促进生产和生活恢复的效果。日本于 1966 年开办了地震保险，并在其后不断充实、完善保险的内容，承保灾种包括地震、火山爆发、海啸等。目前，以保险为主的经济防灾方式在我国还未得到充分发展，城市的重要地区可率先尝试推行以政府为主体，结合市场机制的巨灾保险供给模式，并充分考虑不同地区的经济、社会等情况，制定相应的标准和管理机制。

3. 防灾宣传

防灾与每个公民的切身利益密切相关，每个公民都有参与防灾活动的权利和义务，并且公民的参与将直接影响防灾活动实施的效果。政府应加强防灾宣传，提升全社会的防灾意识，使公民能正视灾害并有准备地应对灾害。根据灾害的范畴，宣传教育可分为两个方面：一方面针对渐进性灾害，提高人们在生态和环保方面的认识，普及个人可以对环境保护做出的贡献及其途径，鼓励从个人做起减弱人类活动对城市环境的影响，不为灾害创造孕育环境。另一方面，应帮助居民了解所在地区的易发灾害及灾害特点，熟悉地区周围的避难场所和安全路线，掌握防灾设备使用和避难疏散的知识，提高自救和互救的能力，建立邻里互助的协作体制，并进行必要的演习和训练。

日本在全社会范围内建立了自助、互助、公助相结合的防灾模式，即公民和企业以自觉为基础的"自助"、地区多样主体的"互助"、国家及地方公共团体的"公助"相互协作。2006 年，日本中央防灾会议确立了"关于推进减灾国民运动的基本方针"（表 9–6），推动个人、家庭、地区、企业、团体等的日常性减灾活动及投资的持续开展，并通过"防灾日""防灾周"在全国各地举行防灾展示会、演讲会和防灾演习等各种活动普及防灾知识，推广灾害发生时的志愿者活动和自主性防灾活动。日本的防灾宣传经验告诉我们，防灾宣传教育不仅在于设立"防灾日"等活动，还应重视发掘各类宣传渠道，并坚持在固定的地点、人群、领域内持续地、规律化地进行，以达到普及防灾知识的效果。

表 9–6　日本关于推进减灾国民运动的基本方针

1	动员更广泛层次的群众防灾活动	在地区庆典活动中设置防灾活动部分
		防灾演习中进行家具的固定
		防灾教育的充实
2	以多种形式、通俗易懂的方式宣传防灾知识	利用画册、照片集、动画剧、游戏等各种媒体宣传
		结合灾害经验教训进行介绍
3	促进企业和家庭对防灾的投资	促进工作场所及住家对安全的投资
		树立商务区、商业街的防灾意识（从退守型防灾向进攻型防灾转变）
		促进业务持续计划（BCP）的制定
4	促进各种组织参加的大范围协作	国家机构、地方政府、学校、公民馆、PTA、企业、志愿者团体等的协作
5	促进每个公民长期持续进行防灾活动	促进每个地区都开展防灾活动
		在地区、学校、企业进行防灾活动的先进事迹表彰

4. 安全社区

1989 年，世界卫生组织（WHO）提出了"安全社区"概念，强调社区不仅应建立自身防灾体系，还要采取措施保障该体系的循环发展。安全社区需要社区公民、区内各组织及各级机构发挥各自优势，形成相互协助的稳定系统。

2002 年，我国山东省济南市槐荫区青年公园社区被世界卫生组织命名为安全社区。2006 年，我国颁布了《安全社区建设基本要求》（AQ/T 9001—2006），并于2007 年开始实行《"减灾社区示范"标准》，2010 年发布了《全国综合减灾示范社区标准》。我国的安全社区建设已经有了一定的理论基础和标准，但大规模建设还处于起步阶段，仍在不断探索之中。在具体的安全社区建设中，应细分安全社区的层次，建立区级、街区级和单位级别（公司或居住区）的防灾单元，建立自上而下、多层次的应急管理体系和应急预案，形成常态化的防灾宣传和管理，同时，强化市民共同面对危机的意识，实现安全社区的可持续发展。结合城市的组织层级特点，我国的安全社区建设应充分发挥社区党（团）的组织带头作用，建立灾害应急机构等地区级核心防灾组织，并在上级部门支持下积极制订各级防灾规划及实施指南。另外，打造安全社区还须建立政府—公众—个人—志愿者的社会联合防灾体系，充分发挥公民在防灾中的积极作用，提高社区公民的集体意识，并丰富公民参与的形式。

城市更新

第一节　城市更新的基本概念和发展历程

一、城市更新及其发展

20 世纪 50 年代，随着经济发展和产业转型，欧美一些发达国家由工业化时代向后工业化时代迈进。城市中心区不再能满足新的发展需求，企业纷纷搬迁到城市外围或更远的郊区，同时，产业园区、大学城、生态城和主题公园等新兴的城市空间也相应在郊区建立。在人口和就业向郊区迁移的趋势下，城市中心区开始衰落，表现为经济萧条、土地闲置、环境恶化、建筑破败、设施失修，以及社会治安管理混乱等。为解决这一问题，西方许多国家开展了城市更新运动。

城市更新的概念起源于 1949 年美国住宅法（Housing Act of 1949）中提出的"城市再发展"（Urban Redevelopment）一词，是指对城市中已经不适应现代生活需求的地区进行必要的、有计划的改建活动。城市更新的目标是针对影响甚至阻碍城市发展的问题，在综合考虑物质性、经济性和社会性要素的基础上，制定出覆盖面广、内容丰富的策略，以促进城市空间再利用、增强地区生机活力、增加就业机会、提升城市竞争力、改善城市经济和财政状况等。其具体内容包括基础设施的改造、居住环境的改善、土地功能定位和使用规划的调整、交通的重组、公共空间系统的完善等。根据城市所处位置及类型的不同，城市更新可分为历史文化街区更新改造、老旧社区更新改造、工业遗产更新改造、滨水空间更新改造等。城市更新不应仅限于物质层面的改善和美化，更重要的是通过具有综合性、整体性和关联性的政策和措施以提升城市的内涵；不仅要解决城市的表象问题，更需深入探寻城市的结构性问题，彻底解决造成城市衰退的根本矛盾。

城市更新概念的发展是一个动态过程，在西方国家大致经历了四个阶段。第一阶段为 20 世纪 50 年代至 60 年代以前，主要为战后重建及清理贫民窟运动，采用的是推倒重建的方式。第二阶段为 20 世纪 60 年代至 70 年代，是具有国家福利色彩的城市更新。该阶段的城市建设关注弱势群体，提倡结合城市经济发展和人口就业问题进行的邻里修复，并产生了中产阶级回迁的"绅士化"运动。第三阶段为 20 世纪 80 年代至 90 年代，该阶段的城市更新转变为以市场为导向，表现为重塑中心区吸引力的旧城再开发。20 世纪 90 年代后为第四阶段，在以人为本、可持续发展理念深入人心的前提下，城市更新开始强调"自下而上"的公众参与，其内容也更加丰富和全面，包含社会、经济、文化及物质环境等多维度的内容。经过几十年的发展，城市更新的内容由单纯的物质环境改善逐渐转变为综合考虑城市经济、社会、文化等方面内容的系统性规划。城市更新的方法由大规模推倒重建转为小规模、分阶段、适时、谨慎的渐进式改善。城市更新的主体也由国家主导转为政府、私有部门、社区三方合作的方式。

我国在城市更新方面也进行了一定的探索，最具代表性的是吴良镛教授提出的"城市有机更新理论"。该理论认为：城市与生物体一样，整体与局部之间存在有机联系，城市更新应根据城市发展的内在规律，传承城市发展脉络、顺应城市结构肌理，并依据改造的内容和要求，采用适当的规模、尺度，妥善处理现在与将来的关系，使城市局部的发展具有相对的完整性，在可持续的基础上，探求城市的更新和发展。

二、城市更新的基本模式

城市更新基本可分为重建、改建、维护三种方式，三者可结合使用。

重建是指将城市土地上现有的建筑构筑物及其他附着物整体拆除，并根据城市发展的要求重新建设。此方式主要应用于建筑空间及环境质量全面破败的地区，或已经不具有保留价值和保留条件的建筑。作为一种最彻底的更新方式，重建对城市空间环境、社会结构和社会环境等方面可能产生重大影响。虽然重建是对原有城市要素的去旧立新，但并不一定要将城市肌理彻底消除，应尽量传承城市原有历史肌理和文化特色，并注意保持与周围环境的整体和谐。

改建是在保留建筑物原主体结构的前提下，对建筑物的全部或部分进行改造或更新设施，使其能够继续使用。此更新方式适用于部分功能仍可使用，但因缺乏维护而造成设备老化、建筑破损、环境不佳的地区。

维护是指对仍适合继续使用的建筑予以保留，并通过修缮活动保持或改善其现有的使用状况。此方式适用于建筑物仍具有良好的使用状态及整体运行较好的地区。维护是变动最小、耗资最低的更新方式，也可看作一种预防性的措施，具体包括对地区道路、公共服务设施、市政基础设施等进行的改善，对地区内部环境或沿街立面整治，以及对既有建筑的节能改造等。

三、存量更新

2014 年 3 月，国务院《国家新型城镇化规划（2014—2020 年）》指出要"建立城镇用地规模结构调控机制……实行增量供给与存量挖潜相结合的供地、用地政策，提高城镇建设使用存量用地比例"。该文件明确了我国在城市规划建设中鼓励使用存量用地的政策和具体要求。根据用地供应方式的不同，我国的建设用地分为增量用地和存量用地两部分。增量用地，即新增建设用地，主要通过农用地和未利用地的征转而获得。存量用地是指城乡建设已占有或使用的土地，不仅包括已经完成建设和正在建设的土地，还包括闲置土地，即已批未建、已征已转而未用的土地。存量用地不仅包括现有城乡建设用地范围内的闲置未利用土地，还包括现状利用不充分、不合理，产出效率低的已建设用地，即具有二次开发利用潜力的土地。

长期以来，我国城市普遍采用以扩大建设用地规模的新城新区开发为主导的更新模式，通过增量用地保证城市的发展，在推动城市经济增长的同时，也造成了土地资源浪费、生态环境恶化、地方债务增加等严重问题。随着城市建设中土地资源的日益紧缺，城市发展面临着从"增量扩张"向"存量挖潜"转型的迫切需求。存量规划，也可称存量更新，是一种新的城市发展模式，即在保持建设用地总规模不变、城市空间不扩张的条件下，盘活、优化、挖潜、提升存量用地，并对其进行功能的优化、调整、提升和形态再塑。存量规划并不以提高土地利用效益为唯一目标，而是通过提供优质高效的城市空间，来支持经济的持续增长、民生福利改善和生态环境质量提升。对存量用地进行有效的改造规划和重新利用可以极大缓解城市发展需求与建设用地紧张之间的尖锐矛盾，同时也是促进城市可持续发展的重要手段。

第二节 历史文化街区的保护与更新

一、历史文化遗产保护的相关政策

历史文化遗产是城市发展过程中形成及存留的重要宝藏，是城市建立及发展的见证，也是城市传统文化特色的体现，具有重要的历史研究意义和学术价值。在近代城市建设中，历史文化遗产保护从提出到逐步成熟经历了数十年的发展历程，其相关政策可追溯到 1933 年 8 月国际现代建筑协会（CIAM）制定的《雅典宪章》："有历史价值的建筑均应妥为保存，不可加以破坏。"《雅典宪章》虽然仅提及了历史建筑及简单的保护措施，但开启了国际范围内历史文化遗产保护运动的篇章。

1964 年，《威尼斯宪章》（《国际古迹保护与修复宪章》）提出了保护文物建筑及历史地段的国际原则，将保护范围进行了扩展，奠定了将文物与其环境视为统一体进行保护的思想。1976 年的《内罗毕建议》（《关于历史地区的保护及其当代作用的建议》）认为："每一历史地区及其周围环境应从整体上视为一个相互联系的统一体……历史地区及其周围环境应得到积极保护"，同时，应避免开发建设对历史地段附近地区环境和特征的破坏，应确保历史地区与当代生活的和谐。1987 年，《华盛顿宪章》（《保护历史城镇与城区宪章》）明确了历史城区（Historic Urban Areas）概念："历史城区，不论大小，其中包括城市、城镇以及历史中心和居住区，也包括其自然和人造的环境"，并进一步提出保护的内容包括历史城镇和城区的特征以及表明这种特征的一切物质的和精神的组成部分。

由此可见，历史文化遗产保护的范畴已经由保护单体建筑扩大至保护其周边环境，进而延展至历史城镇、历史街区的整体保护。保护的内容也从单体建筑扩展至包括自然环境、人文环境、文化特色在内的诸多方面。

二、历史文化街区的定义及特征

我国对历史文化遗产的保护始于对文物建筑的保护，后逐渐发展为对历史文化名城的保护，并增加了历史街区保护的内容。历史文化街区是历史文化名城特色与风貌的重要组成部分。1986 年，国务院公布第二批国家级历史文化名城时正式提出了历史文化保护区的概念，并指出保护区可包含历史文化街区、建筑群和小镇村落。根据《历史文化名城保护规划规范（GB 50357-2005）》，历史文化街区应具备以下条件：有比较完整的历史风貌，构成历史风貌的历史建筑和历史环境要素基本上是历史存留的原物，用地面积不小于 1 公顷，街区内文物古迹和历史建筑的用地面积宜达到保护区内建筑总用地的 60% 以上。2008 年，《历史文化名城名镇名村保护条例》中定义："历史文化街区，是指经省、自治区、直辖市人民政府核定公布的保存文物特别丰富、历史建筑集中成片、能够较完整和真实地体现传统格局和历史风貌，并具有一定规模的区域。"一般情况下，历史文化街区应具有的基本特征可概括为历史真实性、风貌完整性、生活延续性。

① 历史真实性指历史街区内应保有一定比例的真实历史遗存物，而非重建、仿造和改建的。一般情况下，能体现传统建筑风貌的历史建筑的数量或建筑面积应占街区建筑总量的 50% 左右，与历史街区风貌有冲突的建筑物和构筑物的用地应低于历史街区用地总量的 1/3。

② 风貌完整性指历史街区应具有一定的建筑和用地规模，并在一定的范围内形成比较完整和协调的视觉效果。街区的物质环境，如街巷格局、河道水系、建筑外观等应保存完整，且具有浓郁的传统风貌。历史街区内保存较好的建筑比例应达到 50% 左右。这些建筑应能够反映历史特色、民族特色和地方特色，并在该地区的历史文化中占有重要地位。

③ 生活延续性指历史文化街区内应有一定规模的居住人口，保留有传统的地方生活方式和社会结构。历史文化街区是城市或地区传统文化和生活方式保存最完整、最有特色的地区，是城市的有机组成部分，承载着该地区居民的价值观念、生活方式、组织结构、风俗习惯等。

在历史文化街区内，传统格局和历史风貌较为完整、历史建筑和传统风貌建筑集中成片的地区应被划为核心保护范围。在核心保护范围之外还应划定建设控制地带。历史文化街区保护应当遵循下列原则：保护历史遗存的真实性，保护历史信息的真实载体；保护历史风貌的完整性，保护街区的空间环境；维持社会生活的延续性，继承文化传统，改善基础设施和居住环境，保持街区活力。

三、历史文化街区更新及案例

历史文化街区的保护模式大致可分为静态保护与动态更新两类。静态保护强调留存历史文化街区的原有状态,对其进行完整保护,使其不受外界因素影响。动态更新也称保护性更新,是在不影响历史文化价值的前提下对历史文化街区进行持续调整,强调既不影响街区生命力又对街区起到保护作用。历史街区的构成不仅包括布局形态、空间环境、建筑风貌等物质性载体,同时还涉及大量的非物质载体,如生活方式、文化观念、社会组织、传统艺术、民俗精华等,它们共同构成了历史文化街区的整体风貌和空间氛围。城市是不断更新发展的,历史文化街区是城市系统中的有机组成部分,动态更新是在保护历史文化街区物质形态特色的同时,适应时代发展提出的新要求。对其发展进行积极引导,有助于保持地区活力,促进历史文化街区进一步的发展。

历史文化街区的动态更新方式目前受到了广泛的认可和应用,并演化出多种具体的更新模式。我国较早出现的历史文化街区更新模式包括:菊儿胡同模式、上海新天地模式和周庄模式,这三种模式在不同程度上处理了保护与更新之间的平衡关系,为之后的历史文化街区更新提供了宝贵经验。

1. 菊儿胡同

菊儿胡同位于北京二环路以内,东起交道口南大街,西止南锣鼓巷。胡同全长 438 米,整个街区面积 8.28 公顷,胡同建筑是传统文化的代表。改造前,菊儿胡同是破败拥挤的大杂院,有居民 44 户,138 人,人均住房面积仅 5.3 平方米。为优化人居环境,菊儿胡同的改造重点探讨了历史风貌保存与居住环境改善相结合的新模式。

首先,设计师对菊儿胡同进行了现状建筑质量分析,保留有历史价值的院落及质量好的建筑,修缮质量较好并具有使用价值的建筑,拆除破旧危房。其次,根据北京旧城规划的内在规律和城市肌理,结合居住情况,保留了原有的胡同型街坊体系,将新建的单元式住宅与传统的四合院住宅形式相结合,形成了"类四合院"的建筑模式。这种建筑模式采用 2—3 层为主,局部 4 层的低层高密度开发方式,并在群体组合方式上模仿四合院的形态。改造维持了该地区原有的胡同—院落体系,形成了由新的低层和多层建筑构成的大院落式有机组合体。此类建筑兼具公寓楼房的私密性和四合院的易交往性等优点,并且往往采用带有传统历史文化特色的符号和构件,如白墙、青砖、灰瓦、小坡屋顶、挑檐、阁楼等。改造后的菊儿胡同成了一个功能复合、新旧建筑并存的多样化居住区(图 10-1)。

图 10-1 北京菊儿胡同局部示意

在实际建设中，菊儿胡同的更新改造以院落为边界，采取小规模、分片、分阶段、滚动开发的模式。改造方案在保留街区原有居住功能的基础上，为其适当增加了一些商业和旅游功能，使街区功能呈现出多元化发展趋势，增加了街区活力，但同时也造成了部分原有胡同文化的丧失。菊儿胡同的改造过程中还提出了居民自由参与和非营利的社区合作模式。然而，菊儿胡同改造工程是在充足的政府资金支持、高水平的技术支持和政府强制执行下完成的，其自身能带来的经济收益甚微。设计师需要在房地产开发商和政府的主导力之间做出平衡，使项目兼得社会效益与经济效益。

2. 上海新天地和田子坊

上海新天地位于上海淮海中路南侧太平桥地区，区内保有较多的典型上海石库门里弄建筑，国家重点保护单位"中共一大会址"也位于该区。改造前，该地区面临基础设施不足、房屋陈旧破败等问题。更新改造方案将该区域分为南北两个地块。南区以现代建筑为主，其间点缀一些保留下来的传统建筑。北区则在大片区域保留了里弄格局，精心修复了石库门建筑的外观和立面细部，完善了里弄的空间尺度，同时对建筑内部做了较大的改造，以满足办公、商业、餐饮、娱乐等现代生活的需求。上海新天地在修缮建筑外观、保护老建筑表皮方面的改造与更新效果较好，一定程度上延续了街区原有的历史风貌。该区域的改造重点在于运用历史符号塑造适合当代人休闲生活的场所，将上海里弄的生活形态与现代生活相结合，将怀旧的文化氛围融入改造后的商业活动中，使地区特色与历史价值为商业活动增添附加值。然而，为了满足商业活动的需求，部分建筑内部进行了较大的改动；同时，原有居民的迁出导致街区丧失了原本的生活状态，这些在一定程度上也影响了历史文化街区的保护。但是，相较于国内很多历史街区拆除重建的改造方式，上海新天地的更新改造仍然是一种值得借鉴的旧城改造模式（图 10-2）。

田子坊位于上海泰康路 210 弄，占地约 7.2 公顷，是上海最早的创意产业集聚区之一。20 世纪 30 年代，田子坊约 140 米长的老式里弄汇集了 36 家作坊式小工厂。2000 年起，田子坊进行了全面改造。改造后的田子坊由工厂区和居民区两部分组

图 10-2　上海新天地

成，基本完整保留了街区空间格局，只在建筑原有结构和风貌的基础上进行了适度更新，形成了以室内设计、视觉艺术、工艺美术为主的产业特色，街区各种功能汇聚在一起产生了有机美感，杂乱无序而又充满活力。田子坊的弄堂迂回曲折、纵横交错，宽度从 1.46 米至 4.74 米不等，形成了狭窄的线性公共空间。与新天地不同，田子坊内仍然有大量的当地居民居住，延续着里弄生活和传统的交流方式。现在，田子坊已成为上海历史风貌和石库门里弄生活的一块"活化石"。

3. 周庄

周庄位于江苏省昆山市，四面临水。小镇有 900 多年的历史，建筑风貌保存较完整。全镇 60% 以上的民居为明清建筑，有近百座古宅院和 60 多座雕砖门楼。同时，周庄还保存着 14 座古桥，呈现出小桥、流水、人家的自然景象和生活特征。1985 年，周庄基于"保护古镇，建设新区，发展经济，开辟旅游"的方针制定了古镇更新改造规划。首先，将周庄镇划分为三个区：明清建筑及风貌保护区、作为行政中心的新区、工业区，改造更新规划以保护区为中心，并尽量避免新区和工业区活动对历史风貌产生影响。其次，拆除与古镇整体风貌差异较大的建筑，根据价值与质量对历史建筑进行分类保护。遵循"修旧如旧"的原则对传统街巷与历史建筑进行修复，对文物保护单位按原样进行修缮，保留原有城镇格局，强调古镇居民生活状态的延续和文化活力的保持。

周庄的更新采用的是整体保护的模式，未对古镇原有格局和建筑进行大规模的改造，仅通过维护和修缮改善了使用条件，在保留原有居住功能的同时进行了旅游开发，增加了与旅游开发相关的部分功能，如商业、小手工业等。值得注意的是，商业开发活动可能会对环境和风貌产生影响，需加强管理并提升经营者的场所认同感，鼓励经营者积极主动地维护当地的历史风貌与环境。

第三节　工业遗产的更新改造

一、工业遗产及其价值

工业革命以来，传统工业一直是西方发达国家城市发展的主要动力之一，工业用地在城市用地中占有重要比重，其空间布局也对城市空间结构有着重要影响。20世纪中期以后，在新技术、政治格局、能源结构、交通和通讯方式等外部条件急剧变化的影响下，西方发达国家的经济发展出现了大规模的结构调整。知识密集型的高技术产业、创意产业、生产性服务业成为城市经济的主导产业，传统工业衰退，大批工厂、企业或停产倒闭，或转产发展，或将生产基地从城市转移到其他欠发达地区。此外，随着城市的发展扩大，原来位于城市边缘的工业区逐渐被城市包围，变成了城市的中心地区。工业企业对环境的污染逐渐显现，在交通、环境、基础设施、生活配套等方面对城市的影响越来越显著。随着建设水平不断提高，城市中出现了大量废弃的工业用地和工业设施。因此，工业区的更新改造势在必行。西方发达国家和国内的一些传统工业城市在老工业区改造方面进行了许多有益的探索，并取得了较好的效果。

20世纪80年代以来，城市工业遗产受到了社会各界的广泛关注。2003年，联合国教科文组织（UNESCO）国际工业遗产保护协会（TICCIH, The International Committee For The Conservation of The Industrial Heritage）颁布了《关于工业遗产的下塔吉尔宪章》，将工业遗产定义为："具有历史、技术、社会、建筑或科学价值的工业文化遗存。这些遗存包括建筑物、机械、车间、作坊、工厂、矿场、提炼加工场、仓库、能源产生转化利用地、运输和所有与工业有关的社会活动场所。"狭义的工业遗产主要指工业革命后期，以油和煤为主要能源，钢铁为原材料，机器制造为主要特性的工业遗存；而广义的工业遗产还包括工业革命前的遗迹，例如手工业时期、加工业时期和采矿业时期规模较大的矿冶遗址、水利工程遗址和石器遗址等。

工业遗产直观地反映了人类社会工业发展的过程。作为历史上某一特定时期城市发展的物质载体，工业遗产见证了人类社会发生巨大变革时期的城市生活，保存了城市重要的发展记忆，丰厚了城市的历史文化底蕴，是社会文化发展不可或缺的物证。工业遗产具有历史、社会、文化、科技、经济和审美价值，其保护和更新能够再塑具有可识别性的城市文化，形成城市特殊的内在肌理和文化内涵，赋予城市鲜明的个性特征。同时，保护和更新工业遗产也是传承人类社会文化，维护文化多样性和创造性的重要举措。

二、工业遗产的更新改造类型

工业遗产是蕴含独特价值的文化资源，既具有历史文脉的积淀，又包含工业生产设施自身的魅力。由于工业厂房及设施类型的多样性，工业遗产的更新改造不仅在造型和空间布局上具有多种可能性，还能够与各种城市功能拼接。例如，将工业遗产与文化设施、科技设施、景观空间、商业消费空间、时尚休闲空间等进行融合，可以丰富区域空间的使用功能，营造独特的氛围。工业遗产自身的形象也为更新后的空间增加了新鲜感，提升了区域资源的吸引力。同时，原工业用地低廉的地租为城市新兴功能的发展提供了有利的条件。好的工业遗产改造方案往往成为激发地区活力的节点，在城市更新中起到积极的带动作用。工业遗产的改造方式一般包含以下几种。

1. 工业旅游参观

工业空间与城市其他空间的差异使其具有提供旅游观光服务的潜力。工业遗产旅游起源于英国，主要以工厂、企业、交通设施和建设工程等工业生产与营运地作为观光、游览对象，不仅包括可见的工业生产物质景观，还包括企业文化和发展历史等软性内容。其核心吸引力是记录了人类在不同历史阶段创造的工业文明。

位于德国鲁尔区东部多特蒙德（Dortmund）的卓伦煤矿（Zollern Colliery）经改造成为了露天煤炭博物馆。废旧的火车被改装为园内游览工具，工业建筑本身就是博物馆展品的组成部分。除此以外，还有大量关于机械设备和采矿技术的展品。同时，博物馆还通过大量的电影、短片、体验活动和互动操作重现了矿工的工作环境以及当时的工业文化。鲁尔区的亨利兴堡老船闸（Altes Schiffshebewerk Henrichenburg）位于连接埃姆歇河和多特蒙德及其港口的运河上，经过修复后，在固定时间进行船舶升降表演，船闸顶部还可供游客俯视运河和附近的景观公园。

2. 文化休闲展览

工业遗产还可改造成供居民休闲游乐、开展艺术活动的公共场所，成为以文化为核心的活动空间。此类改造可依托工业文明的历史底蕴，植入文化类公共设施的功能，同时增加与文化休闲有关的商业活动设施和娱乐设施，还可通过举办各类文化活动、展览、赛事等强化地区的文化特质，如拍摄电影、举办音乐会、作为婚礼场地等。

图 10-3　北杜伊斯堡景观公园

　　德国鲁尔区北杜伊斯堡景观公园（North Duisburg Landscape Park）利用原蒂森公司的梅德里希钢铁厂（Meiderich Ironworks）遗迹建成，由德国景观设计大师彼得·拉兹（Peter Latz）主持设计，该项目被誉为后工业景观公园的经典范例（图10-3）。北杜伊斯堡景观公园对工业遗产的改造采取了多种方式。中心动力站是厂区内最大的建筑物，长 170 米，宽 35 米，高约 20 米，改造后为多功能大厅，可用于举办国际性的展览、会议、音乐会等大型活动。鼓风机房综合体改造后也可举办多种活动，包括音乐会、公司庆典、舞会、戏剧表演和产品发布会等，其中原鼓风机房被改造成为鲁尔区表演艺术节总部的剧场。1 号锅炉铸造车间局部被改造为拥有 1100 个活动座位的露天影剧院，并加建了轻钢支架玻璃棚，可用于举办各类会议和演出活动。厂区中心的煤气储气罐被改造成了欧洲最大的人工潜水中心，原来贮存矿石和焦炭的料仓更新改造后成了能容纳攀岩、儿童游乐、展览等各种活动的场所。

3. 工业景观公园

在充分利用特征要素的基础上，可以对工业设施遗存进行景观改造，具体做法包括将自然景观与人工设施相结合，以及以城市公园为核心进行工业遗产的开发。工业遗产可改造为主题公园，也可成为城市生态景观系统的组成部分。

纽约曼哈顿西区一段废弃了近 30 年的高架铁路，经改造成为高线公园（High Line Park），并于 2009 年向公众开放。高线公园高出地面 5.5—9.1 米，承载着休闲、餐饮、舞台、观景台等功能。高线公园的自然景观注重保持植物的野生状态，尽量避免人工对其干扰，没有破坏原生生物的生态系统。铁路是高线公园的主要元素，改造保留了原有铁轨，整体结构仍沿用原铁路的结构，采用原铁路的铸铁护栏，并将这一元素融入工业设计的各个环节中。改造使铁轨保持了锈迹斑斑的原始状态，并与植物、水泥、木材等共同营造出新的景观。由于高线公园所在区域的发展经历了三个历史时期，因此，其建筑也融合了三种不同的类型，包括高线铁路衰落时期形成的画满涂鸦的建筑、经过更新改造的旧有建筑，以及新建的现代建筑。其中，旧有建筑的更新改造方式包括建筑内部结构加固、建筑外表皮更新为现代材料、保持立面风貌并改变内部功能、开放建筑部分区域作为公共空间等。为保证高线公园良好的日照和空气条件，公园相邻区域的建筑开发有详细的控制措施，如规定建筑物地面以上部分最多 40% 能够高于高线公园（图 10-4）。

我国广东省中山市的岐江公园原为粤中造船厂旧址，占地 11 公顷。改造设计针对场地中不同的保留内容，分别采用了加法、减法与再现三种处理方式。岛上的灯光水塔加罩了玻璃盒，利用太阳能作为其顶部发光体的能源，将地下的冷风抽出，用来降低玻璃盒内的温度，空气流动又带动了两侧的时钟运动。同时，保留的烟囱外建造了超现实的脚手架和工人雕塑，钢架船坞中设置了游船码头和公共服务设施等，这里在做加法。减法则体现为水塔被去掉了水泥外表面，只展现由钢筋和固定节点组成的基本结构，以及保留机器的部分机体与景观设计结合等。另外，改造设计中还加入了一些新的现代元素与表现形式来塑造场所精神并提供新的体验，包括白色柱阵、锈钢铺地、方石雾泉、直线路网、红色记忆、绿房子、铁栅涌泉、湖心亭及栏杆等。

4. 创意产业园区

工业遗产还可以改造设计为主题创意园区，由若干个从事各类文化创意产业的中小型企业或工作室组成。工业遗产中的厂房建筑在空间划分上具有极大的灵活性，适

图 10-4　纽约高线公园局部

合改造为创意办公空间。北京 798 艺术区位于朝阳区酒仙桥附近，原是国营 798 厂等电子工业老厂区所在地。区内建筑大致可分为工业厂房、生活用房和设备用房三类，呈现出典型的包豪斯风格。2002 年起，众多艺术机构及艺术家在此租用闲置厂房并进行改造，通过对旧建筑进行水平扩建与垂直加建，以及加减墙体元素、设置夹层等方法对室内空间进行重新分隔。798 艺术区逐渐发展为聚集画廊、艺术中心、艺术家工作室、设计公司、餐厅酒吧等各种空间的复合功能的综合体，其现状功能主要包括商贸、餐饮、学校、工业、文化艺术、服装六类。798 艺术区将历史环境与现代艺术相融合，目前已成为北京文化创意产业发展和展示的重要场所（图 10-5）。

南京 1865 创意产业园原为清朝晚期洋务运动时两江总督李鸿章所创建的金陵制造局，至今已有 150 余年历史。园区占地面积约 21 公顷，园内工业遗存建筑包括三类：清代遗存厂房较少，民国时期所建的现代风格厂房占有很大比例，还有一部分新中国成立后的红砖厂房和水泥砂浆抹面的多层厂房。三类建筑风格差异较大，

图 10-5　北京 798 艺术区局部

统一改造的难度较高。园区产业的总体定位为文化艺术和创意设计。根据不同的环境特色及建筑条件，产业园可划分为创意研发区、工艺美术创作区、科技创意博览区、山顶酒店商务区和时尚生活休闲区五个功能片区。根据所在位置及对园区外部空间所起的作用，可将建筑分为焦点建筑、典型建筑、可塑建筑三类。焦点建筑风格独特、所处位置显著，是园区中的标志性建筑。对其进行全方位改造可采用嫁接青砖和钢等材质、增加过渡公共空间、建筑表面历史痕迹展示等手段。典型建筑在某一区域范围内存在较多，其形态特征决定了这一区域的整体形象，改造的重点是要保持其整齐统一，往往在入口处精心设计。可塑建筑多为建成年代较晚的工业建筑，外观普通，无艺术价值与保护价值，可在维持原有结构的前提下，调整其功能定位、文化定位和艺术定位。另外，建筑内部改造可根据空间及体量特征分为扁长型和高大型两类，改造模式包括空间合并、加层改造、单元空间营造、房中房等。

第四节 滨水区的更新改造

自古以来，城市多依水而兴，滨水区在城市发展中起到了重要的作用。滨水区是城市陆域和水域相连的一定区域的总称。根据水体性质的差异可以将城市滨水区划分为河滨、江滨、湖滨以及海滨。滨水区为城市提供了水源、食物以及对外往来的出入口，同时还塑造了滨水城市的个性，具有丰富城市景观的作用。人类具有天然的亲水性，滨水空间是市民喜爱的休闲活动场所。滨水地区因拥有良好的区位条件和土地资源，具有极大的社会价值挖掘潜力，在拓展城市发展空间、改善居民生活质量、保护生态环境方面也有不可替代的意义和作用。

一、滨水区的发展与更新

早期的城市大都形成于临近江河湖泊的滨水地带，随着水上运输业的日渐发达，滨水地区逐渐成为以商品交换为目的的经济活跃区。工业时代，由于滨水区便捷的交通和较低的运输成本，城市的工业区、港口区、仓储区等纷纷近水而建。这使得滨水地区成了城市制造业及交通运输业的基地。20世纪50年代以来，西方发达国家进入后工业时代，以信息技术为代表的知识经济开始发挥重要作用。生产、通讯、运输等领域新技术的产生与发展使城市滨水地区的优势被弱化，传统工业受到冲击，工厂、仓储、港口等逐渐外迁或解体，大量依托传统工业发展的滨水区慢慢衰落。然而，随着环境保护理念的兴起，人们重新认识到了滨水区的社会价值。自20世纪70年代起，城市滨水区的更新与复兴运动日益兴盛。滨水区完成了从制造业经济向信息和服务业经济的转化，为城市创造了富有魅力的滨水公共空间，并带来了影响深远的经济、社会、环境效益。滨水区作为城市中极具活力的经济、社会载体和独具吸引力的环境载体，已成为世界各国规划设计和城市建设的热点。

滨水区是城市宝贵的公共资源，与城市的生存发展息息相关。滨水区的开发或更新常常成为城市新一轮发展的引擎。滨水区的重建被认为是城市经济发展的推进器，是重塑城市精神与形象的契机。充分利用滨水地区的特点和优势，以滨水区的开发来促进城市更新和经济发展已经成为世界大多数城市建设发展的基本思路。

二、滨水区更新改造要点

滨水区更新改造主要以恢复生态环境、复兴城市功能为原则，向区域内植入商业、游憩、居住、文化等功能。该区域的更新改造设计提倡通过用地的混合开发，提升土地价值，激发城市活力。滨水区的更新改造还应重视保护原生植物，改善滨水地带的生态环境，增加绿化面积和动植物物种的多样性。规划设计时引入多种交通方式并将其纳入城市整体交通系统中考虑，有助于完善滨水区的交通网络，提高滨水区的可达性，还可适当利用地下空间设置隧道和停车场以提高土地利用率。合理利用滨水区岸线，结合滨水区现有的码头、工厂等工业遗存进行景观改造设计，可以为居民营造亲水空间，将其与开放空间结合，还可举办创意市集、艺术展览等活动。但滨水区改造后需进行良好的后期维护和管理，以保持区域的整体风貌和特色。

法国巴黎塞纳河左岸地区占地约130公顷，1990年开始进行更新改造，规划用地功能包括办公、居住、现代工业、手工业、大学，以及河港空间和公共休闲空间，目标是建成文化、教育、办公、居住等多功能融合的富有吸引力和活力的综合片区。更新改造规划将左岸地区分为三个部分，分别围绕奥斯特利茨火车站、国家图书馆、巴黎面粉厂老厂房为核心进行空间组织。奥斯特利茨区包括奥斯特利茨火车站及其周边商务办公区，改造规划充分利用地形特点，在建筑群体之间设置了多处朝向塞纳河的不同标高的广场与坡道，形成了丰富的室外空间。托尔比亚克地区即国家图书馆及其周边地区，国家图书馆的主体是4幢打开的书本状塔楼，它们围合在一个巨大的基座上，内部设置了一个大型的下沉花园，并通过大台阶向塞纳河与周边街区开放。巨大的体量和特殊的造型使国家图书馆成为左岸地区的标志建筑。玛思纳区包括巴黎面粉厂改造成的大学及各种商业、住宅项目。该区域的设计重视对传统城市肌理的理解和对现代城市规划模式的探索，具体表现为狭窄的街道、围合的街坊、私密的内院、建筑高度的序列变化（沿河逐渐降低）、开敞的公共绿地、丰富的建筑立面造型等。塞纳河岸线的设计包括具有高差的两级，濒临水面的河岸标高较低，为步行亲水平台，以休闲游览功能为主，标高较高的一级为交通路面，上下两级岸线间通过方便的人行道和车行道相连。

英国伦敦泰晤士河南岸的萨瑟克（Southwork）区占地约11公顷，是19世纪末

图 10-6 从泰特现代美术馆看圣保罗教堂与千禧桥

发展起来的以发电厂为主的工业区。为了与对岸的圣保罗大教堂对称，具有"大教堂般的体量"，发电厂被设计成了一座巨大的工业建筑。1995 年起，该地区进行了以发展现代艺术和文化复兴为目标的改造更新。瑞士的赫尔佐格和德梅隆建筑事务所（HERZOG & DE MEURON）将发电厂改造成了泰特现代美术馆。诺曼·福斯特（Norman Foster）设计的千禧桥将泰特现代美术馆与圣保罗教堂相连，桥梁极富现代科技感，加强了南岸地区的多元文化特色及艺术感召力。目前，该地区已成为伦敦市最迷人的地区之一，是画展和戏剧、舞蹈、音乐等艺术表演较集中的地区，被视为世界最大的艺术文化中心之一（图 10-6）。

第五节　老旧居住区的更新改造

老旧居住区的更新改造是城市建设的重要内容，新中国成立后大规模建设的住宅普遍面临基础设施老化、公共设施配套不足、环境脏乱差、功能不适应现代生活需求等问题。随着国家出台以存量供应为主的住房政策，老旧居住区的更新改造问题更加紧迫。在许多城市开展的棚改、危改等居住区更新项目，改造对象主要为 20 世纪 80 年代以前建造的居住区。这类居住区多处于城市核心区的高价值地段，主要以拆除重建的方式进行更新。部分城市的某些地段也会采取"有机更新"的理念，进行"针灸式"的建筑改造。一般而言，城市老旧居住区的更新改造可以从居住区层面与建筑层面两个方向来考虑。

一、居住区层面的更新改造

1. 优化居住区空间布局

通过增建、改建或拆除部分建筑物的方式可调整、优化居住区空间布局，具体做法包括：在行列式住宅的东西方向增建公共建筑，形成院落围合感；将部分临街住宅改为公共建筑或者商业空间以防止噪声干扰，增加城市活力；拆除部分建筑以达到合理的日照间距，拆除部分过于密集的建筑以形成居住区内的开放空间，还可以拆除建筑物的部分空间以形成通风廊道或者将底层架空用于停放非机动车等。

2. 改善道路交通系统

想要改善居住区内的交通，必须梳理车行道路系统，合理组织车辆流线，提升各类空间的可达性，还可通过改变道路线型等方式避免外部交通的穿越。疏通堵塞消防通道的车辆或杂物，运用钉桩的方式疏导交通流向，以及通过设置减速垄等设施降低车速、保障安全都是行之有效的方法。另外，有条件的地区可进行人车分流或限定车行区域，使行人、车辆各行其道，并结合居住区内景观增设或改造停车区域，如设置地上或地下集中停车场 / 库、路边停车带或宅间停车区域。若居住区内部用地紧张难以提供停车空间，可考虑共用或错峰使用周边的城市公共停车场 / 库。

改善居住区道路交通系统还可以通过增加步行空间面积，以步行系统连接居住区内的绿化景观、开放空间、公共设施等区域来实现。居住区内应尽量减少步行空间与车行道路之间的交叉，避免相互干扰，必要时还可设置立体化的步行空间。规划者还应重视道路与建筑出入口、步行与车行道路相交点、景观小品内部等位置的无障碍坡道设计，提供连续、顺畅的路面，以方便轮椅、儿童推车等通行。

3. 完善公共设施配置

多样性是地区活力的基础。为提升居住区的生活便利性，需完善其内部或周围与生活相关的公共设施。老旧居住区由于历史原因可能缺少必要的公共设施，如幼儿园、中小学、社区医疗等，应依据相关规范进行补充；同时，还应适当增加商业、餐饮、休闲、文化等场所。

4. 塑造开放空间系统

规划者应根据不同人群的使用需求、不同活动的需要对居住区开放空间重新进行合理规划，以满足居民生活中的休闲、娱乐、文化、体育锻炼等活动对环境、场地、设施的要求，以及老年人和儿童的特殊需求。人们休憩时需要大面积的绿化树木，进行体育锻炼时则需要硬质广场；老年人需要安静的场所，儿童则需要安全、独立的场地。为适应居住区发展的新需要，应更新或增加居住区内的运动场、步行道、健身场地、老年活动场所等。

5. 完善绿化景观系统

完善绿化景观系统是指充分保留居住区现有树木植被，结合现状改善社区绿化系统，使居住区绿地率达到国家标准。在居住区景观改造中，应协调人工景观与自然绿化的比例，减少硬质铺装的覆盖面积，推行海绵城市的雨洪管理方式，增加绿地和透水性铺地，提高社区地面的雨水渗透性，降低地表径流。浅草沟、雨水花园、渗透树池、透水地面等方式也可以帮助雨水渗入土壤中。居住区应适当增加自然绿化的面积、数量，提升绿化空间的共享性。同时，居住区绿化系统与城市绿化系统应尽量相互连接，构成点线面相结合的绿化网络。社区内合理配置绿化系统的植被种类，可以塑造四季变化的景观，为了降低投资和维护成本，通常以乔木和灌木为主。

6. 配置设施与小品

设施与小品是居住区环境景观中的点缀，也是其使用功能的补充。设施是方便人们使用的附属用房或具有指示等特定功能的物件，如路灯、指示牌、信报箱、垃圾桶、公告栏、单元牌、自行车棚。小品则包括廊架、亭台、雕塑、园艺等。公共设施的设置直接影响居住区各种活动的方便性。设施与小品不仅具有使用功能，同时也是社区景观的组成部分，应根据需求进行配置，并使之成为居住区环境中的亮点。

二、建筑层面的更新改造

1. 改善建筑空间

建筑的更新改造须注重与居住区环境的结合，建筑与环境应形成和谐的空间组合。建筑改造的施工过程中需要采用生态化、绿色化的方式，减少粉尘、污染等问题，并避免对周边地区产生干扰。合理改善建筑使用空间，应根据人们的生活需要进行住宅套内空间的调整，如增大客厅、厨卫空间改造、阳台改造、为多层住宅增设电梯、为建筑出入口增设无障碍坡道设施等。

2. 住宅更新节能

住宅更新节能应遵循绿色建筑标准，注重被动式技术和主动式技术的结合。通过建筑保温层改造可增强外墙的隔热保温性能，使用双层玻璃窗来替换普通玻璃窗可以提高门窗的气密性。在住宅更新改造中，太阳能技术的使用也十分广泛。例如，多层住宅平改坡时可利用太阳能热水系统或光电板实现住宅一体化设计，太阳能集热器可以以南向坡屋面为载体，光电板可以解决楼道亮化的问题。采用雨水收集利用技术也可达到节能的目的，具体做法是：通过设置屋顶绿化进行一部分截留，同时在建筑下部设置集水桶，收集的雨水可与居住区中水系统相连，作为居住区景观用水或灌溉用水。另外，为建筑西侧窗口设置遮阳罩或百叶窗，可以减少西晒辐射。

R参考文献
eference

[1] Allan B. Jacobs. *Great Streets*. MIT Press, 1993.

[2] B. Hillier, J. Hanson. *The Social Logic of Space*, Cambridge University Press,1984.

[3] C. S. Holling. *Resilience and Stability of Ecological Systems*[J]. Annual Review of Ecology and Systematics, 1973（4）: 1—23.

[4] Edmund N. Bacon. *Design of Cities*. New York: Viking Press, 1974.

[5] G. S. Cumming, *Spatial Resilience in Social-Ecological Systems*[M]. New York: Springer, 2011.

[6] Jane Jacobs. *The Death and Life of Great American Cities*. New York: Random House, 1961.

[7] Jo da Silva, Braulio Morera. *City Resilience Framework* [R]. The Rockefeller Foundation, Arup. 2014.

[8] Jonathan Barnett. *An Introduction to Urban Design*. HarperCollins Publishers, 1982.

[9] Jonathan Barnett. *Redesigning Cities: Principles, Practice, Implementation*. Chicago: APA，2003.

[10] Jonathan Barnett. *Urban Design as Public Policy*. McGraw-Hill, 1974.

[11] Kevin Lynch. *Good City Form*. MIT Press, 1981.

[12] Kevin Lynch. *The Image of the City*. MIT Press, 1980.

[13] M. Jenks, E. Burton, K. Williams ed. *The Compact City: A Sustainable Urban Form?*[M]. Routledge, 1996.

[14] Michael Larice, Elizabeth Macdonald ed. *The Urban Design Reader.* London: Routledge, 2007.

[15] Michael P. Brooks. *Planning Theory for Practitioners*[M]. Chicago: APA，2002.

[16] Peter Hall, Ulrich Pfeiffer. *Urban Future 21: A Global Agenda for Twenty-First Century Cities*. London: Spon Press, 2000.

[17] Peter Katz. *The New Urbanism: Toward an Architecture of Community*. McGraw-Hill Education, 1993.

[18] Saskia Sassen. *The Global City: New York, London, Tokyo*. Princeton: Princeton University Press，1991.

[19] USEPA, *Low Impact Development （LID）: A Literature Review*. United States Environmental Protection Agency[R]. EPA841-B-00-005. Washington DC: United States Environmental Protection Agency, 2000.

[20]〔奥地利〕卡米洛·西特. 城市建设艺术 [M]. 仲德崑译. 南京：东南大学出版社，1990.

[21]〔丹麦〕扬·盖尔. 交往与空间 [M]. 何人可译. 北京：中国建筑工业出版社，2002.

[22]〔法〕柯布西耶. 明日之城市 [M]. 李浩译. 北京：中国建筑工业出版社，2009.

[23]〔美〕C·亚历山大，H·奈斯，A·安尼诺，I·金. 城市设计新理论 [M]. 陈治业，童丽萍译. 北京：知识出版社，2002.

[24]〔美〕凯文·林奇，加里·海克. 总体设计 [M]. 黄富厢等译. 北京：中国建筑工业出版社，1999.

[25]〔美〕柯林·罗. 拼贴城市 [M]. 童明译. 北京：中国建筑工业出版，2003.

[26]〔美〕克里斯托弗·亚历山大. 城市并非树形 [J]. 严晓婴译. 建筑师，1985.

[27]〔美〕刘易斯·芒福德. 城市发展史 [M]. 宋俊岭，倪文彦译. 北京：中国建筑工业出版社，2005.

[28]〔美〕刘易斯·芒福德. 城市文化 [M]. 宋俊岭等译. 北京：中国建筑工业出版社，2009.

[29]〔美〕罗杰·特兰西克. 寻找失落的空间：城市设计的理论 [M]. 朱子瑜等译. 北京：中国建筑工业出版社，2008.

[30]〔美〕培根等，城市设计 [M]. 黄富厢，朱琪编译. 北京：中国建筑工业出版社，1989.

[31]〔美〕伊利尔·沙里宁. 城市：它的发展、衰败与未来 [M]. 顾启源译. 北京：中国建筑工业出版社，1986.

[32]〔日〕卢原信义. 外部空间设计 [M]. 尹培桐译，北京：中国建筑工业出版社，1983

[33]〔英〕吉伯德. 市镇设计 [M]. 程里尧译. 北京：中国建筑工业出版社，1983.

[34] 陈秉钊. 初读新版《城市用地分类与规划建设用地标准》——兼谈新标准的特点与规划师责任 [J]. 规划师，2012（2）：5—7.

[35] 陈秉钊. 试谈城市设计的可操作性 [J]. 同济大学学报（自然科学版），1992（2）：138.

[36] 陈飞，诸大建. 低碳城市研究的内涵、模型与目标策略确定 [J]. 城市规划学刊，2009（4）：7—13.

[37] 陈天，臧鑫宇，王峤. 生态城绿色街区城市设计策略研究 [J]. 城市规划，2015（7）：63—69、76.

[38] 陈天，臧鑫宇. 新型城镇化时期我国城市设计发展的对策与前瞻 [J]. 南方建筑，2015（5）：32—37.

[39] 陈天. 城市设计的整合性思维 [D]. 天津大学博士论文，2007.

[40] 陈志华. 外国建筑史 [M]. 北京：中国建筑工业出版，2004.

[41] 仇保兴. 海绵城市（LID）的内涵、途径与展望 [J]. 建设科技，2015（1）：1—7.

[42] 仇保兴. 智慧地推进我国新型城镇化 [J]. 城市发展研究，2013（5）：1—12.

[43] 董鉴泓. 中国城市建设史（第3版）[M]. 北京：中国建材工业出版社，2004.

[44] 洪亮平. 城市设计历程 [M]. 北京：中国建筑工业出版社，2002.

[45] 胡纹. 城市规划概论 [M]. 武汉：华中科技大学出版社，2015.

[46] 华南理工大学建筑学院城乡规划系. 城乡规划导论 [M]. 北京：中国建筑工业出版社，2012.

[47] 黄光宇，陈勇. 生态城市概念及其规划设计方法研究 [J]. 城市规划，1997（6）：17—20.

[48] 黄鹭新，谢鹏飞，荆锋等. 中国城市规划三十年（1978—2008）纵览 [J]. 国际城市规划，2009（1）：1—8.

[49] 金广君. 图解城市设计 [M]. 哈尔滨：黑龙江科学技术出版社，1999.

[50] 雷瓦尼（Hamid Shirvanl），王建国. 城市设计的评价标准 [J]. 国外城市规划，1990（3）：17—20、32.

[51] 李德华. 城市规划原理（第3版）[M]. 北京：中国建筑工业出版社，2001.

[52] 李少云. 城市设计的本土化 [M]. 中国建筑工业出版社，2005.

[53] 刘宛. 城市设计概念发展评述 [J]. 城市规划，2000（12）：16—22.

[54] 刘志林，秦波. 城市形态与低碳城市：研究进展与规划策略 [J]. 国际城市规划，2013（2）：4—11.

[55] 龙瀛，张冰. 2008全国注册城市规划师执业资格考试配套模拟试卷·城市规划原理 [M]. 北京：化学工业出版社，2008.

[56] 卢济威，于奕. 现代城市设计方法概论 [J]. 城市规划，2009（2）：66—71.

[57] 纽心毅. 西方城市规划思想演变对计算机辅助规划的影响及其启示 [J]. 国际城市规划，2007（6）：97—101.

[58] 齐康. 城市环境规划设计与方法 [M]. 北京：中国建筑工业出版社，1997.

[59] 清华大学建筑与城市研究所编. 城市规划理论·方法·实践. 北京：地震出版社，1992.

[60] 全国城市规划执业制度管理委员会. 科学发展观与城市规划 [M]. 北京：中国计划出版社，2007.

[61] 阮仪三. 城市建设与规划基础理论 [M]. 天津：天津科技出版社，1992.

[62] 桑劲，夏南凯，柳朴. 控制性详细规划创新实践 [M]. 上海：同济大学出版社，2010.

[63] 沈玉麟. 外国城市建设史 [M]. 北京：中国建筑工业出版，2007.

[64] 苏则民. 城市规划编制体系新框架研究 [J]. 城市规划，2001（5）：29—34.

[65] 谭纵波. 城市规划（修订版）[M]. 北京：清华大学出版社，2016.

[66] 童明. 扩展领域中的城市设计与理论 [J]. 城市规划学刊，2014（1）：53—59.

[67] 王丰龙，陈倩敏，许艳艳等. 沟通式规划理论的简介，批判与借鉴 [J]. 国际城市规划，2012（6）：82—90.

[68] 王富臣. 形态完整——城市设计的意义 [M]. 北京：中国建筑工业出版社，2005.

[69] 王建国. 21 世纪初中国城市设计发展再探 [J]. 城市规划学刊，2012（1）：1—8.

[70] 王建国. 城市设计 [M]. 南京：东南大学出版社，2004.

[71] 王建国. 生态原则与绿色城市设计 [J]. 建筑学报，1997（7）：8—12、66—67.

[72] 王建国. 现代城市设计理论和方法 [M]. 南京：东南大学出版社，2001.

[73] 王景慧，阮仪三. 历史文化名城保护理论与规划 [M]. 上海：同济大学出版社，1999.

[74] 王鹏. 城市公共空间的系统化建设 [M]. 南京：东南大学出版社，2002.

[75] 王峤. 高密度环境下的城市中心区防灾研究 [D]. 天津大学博士论文，2013.

[76] 吴志强，李德华. 城市规划原理（第 4 版）[M]. 北京：中国建筑工业出版社，2010.

[77] 夏祖华，黄伟康. 城市空间设计 [M]. 南京：东南大学出版社，1992.

[78] 徐苏宁. 设计有道——城市设计作为一种"术" [J]. 城市规划，2014（2）：42—47、53.

[79] 伊恩·论诺克斯·麦克哈格. 设计结合自然 [M]. 芮经纬译. 天津：天津大学出版社，2006.

[80] 臧鑫宇，陈天，王峤. 生态城市设计研究层级的技术体系构建 [J].《规划师》论丛，2014：64—72.

[81] 臧鑫宇. 绿色街区城市设计策略与方法研究 [D]. 天津大学博士论文，2014.

[82] 张京祥. 西方城市规划思想史纲 [M]. 南京：东南大学出版社，2005.

[83] 张庭伟. 城市高速发展中的城市设计问题：关于城市设计原则的讨论 [J]. 城市规划，2001
     （3）：5—10、79.

[84] 张庭伟. 从"向权力讲授真理"到"参与决策权力"——当前美国规划理论界的一个动向：
     "联络性规划" [J]. 城市规划，1999（6）：32—35、63.

[85] 张庭伟. 解读全球化：全球评价及地方对策 [J]. 城市规划学刊，2006（5）：1—8.

[86] 朱文华. 1997—1998 年中国城市规划发展趋势 [J]. 城市规划学刊，1998（4）：3—11.

[87] 朱自煊. 中外城市设计理论与实践 [J]. 国外城市规划，1991（2）：44—56.

[88] 邹德慈. 城市规划导论 [M]. 北京：中国建筑工业出版社，2011.

参考的相关规范

中华人民共和国城乡规划法（2008.1.1）

城市规划编制办法（2006）

城市规划基本术语标准 GB/T 50280—98

城市用地分类与规划建设用地标准 GB 50137—2011

城市居住区规划设计标准 GB 50180—2018

城市环境卫生设施规划规范 GB 50337—2003

民用建筑设计通则 GB 50352—2005

住宅设计规范 GB 50096—2011

住宅建筑规范 GB 50368—2005

托儿所、幼儿园建筑设计规范 JGJ 39—87

老年人居住建筑设计标准 GB/T 50340—2003

高层民用建筑设计防火规范 GB 50045—95（2005）

建筑设计防火规范 GB 50016—2006

停车场规划设计规则

建筑气候区规划标准 GB 50178—93

"博雅大学堂·设计学专业规划教材"架构

为促进设计学科教学的繁荣和发展，北京大学出版社特邀请东南大学艺术学院凌继尧教授主编一套"博雅大学堂·设计学专业规划教材"，涵括基础/共同课、视觉传达设计、环境艺术设计、工业设计/产品设计、动漫设计/多媒体设计五个设计专业。每本书均邀请设计领域的一流专家、学者或有教学特色的中青年骨干教师撰写，深入浅出，注重实用性，并配有相关的教学课件，希望能借此推动设计教学的发展，方便相关院校老师的教学。

1.基础/共同课系列

设计美学概论、设计概论、中国设计史、西方设计史、设计基础、设计速写、设计素描、设计色彩、设计思维、设计表达、设计管理、设计鉴赏、设计心理学

2. 视觉传达设计系列

平面设计概论、图形创意、摄影基础、字体设计、版式设计、图形设计、标志设计、VI设计、品牌设计、包装设计、广告设计、书籍装帧设计、招贴设计、手绘插图设计

3. 环境艺术设计系列

环境艺术设计概论、城市规划设计、景观设计、公共艺术设计、展示设计、室内设计、居室空间设计、商业空间设计、办公空间设计、照明设计、建筑设计初步、建筑设计、建筑图的表达与绘制、环境手绘图表现技法、效果图表现技法、装饰材料与构造、材料与施工、人体工程学

4. 工业设计/产品设计系列

工业设计概论、工业设计原理、工业设计史、工业设计工程学、工业设计制图、产品设计、产品设计创意表达、产品设计程序与方法、产品形态设计、产品模型制作、产品设计手绘表现技法、产品设计材料与工艺、用户体验设计、家具设计、人机工程学

5. 动漫设计/多媒体设计系列

动漫概论、二维动画基础、三维动画基础、动漫技法、动漫运动规律、动漫剧本创作、动漫动作设计、动漫造型设计、动漫场景设计、影视特效、影视后期合成、网页设计、信息设计、互动设计

《城市规划设计》教学课件申请表

尊敬的老师，您好！

我们制作了与《城市规划设计》配套使用的教学课件，以方便您的教学。在您确认将本书作为指定教材后，请您填好以下表格（可复印），并盖上系办公室的公章，回寄给我们，或者给我们的教师服务邮箱 907067241@ qq.com 写信，我们将向您发送电子版的申请表，填写完整后发送回教师服务邮箱，之后我们将免费向您提供该书的教学课件。我们愿以真诚的服务回报您对北京大学出版社的关心和支持！

您的姓名		您所在的院系	
您所讲授的课程名称			
每学期学生人数	＿＿＿人　　　＿＿＿年级　　　＿＿＿学时		
课程的类型（请在相应方框上画"√"）	□ 全校公选课　　□ 院系专业必修课 □ 其他＿＿＿＿＿＿＿＿＿＿＿＿＿		
您目前采用的教材	作者＿＿＿＿＿＿　　书名＿＿＿＿＿＿ 出版社＿＿＿＿＿＿＿＿＿＿＿＿＿		
您准备何时采用此书授课			
您的联系地址和邮编			
您的电话（必填）			
E-mail（必填）			
目前主要教学专业			
科研方向（必填）			
您对本书的建议		系办公室 盖　章	

我们的联系方式：
北京市海淀区成府路 205 号北京大学文史哲事业部　艺术组
邮编：100871　电话：010—62755910　传真：010—62556201
教师服务邮箱：907067241@qq.com　QQ 群号：230698517
网址：http://www.pupbook.com